未知
風彈奏湖面
曲譜無痕
葉子翻飛飄落
舞姿無迹
讓生命路轉溪橋
讓生活柳暗花明

未曾
青花非花
青衣非衣

像菲象
水因勢賦形
狀空則空
就寂則寂

未竟
一素米惜
有時光的體溫與脈搏
故事在年輪間坐着
頭上眼
你就能聽見書起花開
讓山美麗

未
美物近心．溫暖朵朵

当代中国家具设计

CONTEMPORARY

CHINESE FURNITURE

DESIGN

融合与再造

[英]夏洛特·菲尔　[英]彼得·菲尔　瞿　铮 著　虞睿博 译

图书在版编目（CIP）数据

当代中国家具设计：融合与再造 / (英) 夏洛特·
菲尔, (英) 彼得·菲尔, 瞿铮著；虞睿博译. –– 北京：
北京联合出版公司, 2021.9
ISBN 978-7-5596-5372-7

Ⅰ. ①当… Ⅱ. ①夏… ②彼… ③瞿… ④虞… Ⅲ.
①家具—设计—中国—现代 Ⅳ. ①TS666.207

中国版本图书馆CIP数据核字(2021)第118945号

当代中国家具设计：融合与再造

著　　者：［英］夏洛特·菲尔　［英］彼得·菲尔　瞿　铮
译　　者：虞睿博
出 品 人：赵红仕
选题策划：银杏树下
出版统筹：吴兴元
编辑统筹：郝明慧
特约编辑：黄克非　刘冠宇
责任编辑：管　文
营销推广：ONEBOOK
装帧制造：墨白空间·巫粲

北京联合出版公司出版
（北京市西城区德外大街 83 号楼 9 层　100088）
后浪出版咨询（北京）有限责任公司发行
天津图文方嘉印刷有限公司　新华书店经销
字数 75 千字　720 毫米 ×1000 毫米　1/16　17 印张
2021 年 9 月第 1 版　2021 年 9 月第 1 次印刷
ISBN 978-7-5596-5372-7
定价：172.00 元

当代中国家具设计

CONTEMPORARY
CHINESE FURNITURE
DESIGN

融合与再造

[英]夏洛特·菲尔 [英]彼得·菲尔 瞿 铮 著 虞睿博 译

北京联合出版公司
Beijing United Publishing Co.,Ltd.

目录

序言 7

前言 8

引言 11
　回顾过去　展望未来

本土创造 20
　混凝土设计

本无工作室 22
　作为建构的设计

陈幼坚 24
　从丝绸之路中汲取灵感

陈维正 26
　根植传统设计
　工艺原则 + 设计的纯粹性

陈大瑞 / Maxmarko 木美 30
　中式优雅
　东方遇上西方
　元素设计

陈仁毅 / 春在 36
　独具慧眼
　富有表现力的线条

陈旻 42
　可拼接家具
　独特的元素主义

陈旻 + 林靖格 46
　书法影响 + 循环形式

陈向京 / 京逸家居 48
　中国红 + 空间几何

陈燕飞 / 璞素 50
　书法化的家具
　一把椅子的制作过程
　平淡简洁

陈宥锝 + 林庆玮 54
　中式迷宫

郑志刚 + 内田繁 56
　一项手工设计冒险

周宸宸 58
　中国的极简主义
　现代东方主义
　元素形式
　中式扇子
　完美无缺的形式

哈木的房间 66
　专为小朋友设计的家具

洪卫 / 未 68
　道家设计
　明式风格的影响
　迷宫一样的椅子

侯正光 / 多少 74
　为饮茶设计
　兼容并蓄，雅俗共赏
　明朝的记忆
　更观念化的装饰

聿见 + 艾宝家具 82
　大胆的当代声明

杨明洁 + 刘江 84
　玩转形式

江黎 + Goo 设计 86
　构建工艺的简单性

顾家家居 88
　中国当代主流

赖亚楠 + 于红权 / DOMO 90
　现代漆器
　为户外设计

李若帆 / 失物招领 94
　"三十年"时期的风格

简约中式
中式实用主义

骆毓芬 —————— 100
对凳子的重新思考

吕永中 / 半木 —————— 102
文化影响
作为综合生活方式的设计

李鼐含 —————— 106
在盒子里面思考
空间衣橱 + 纪念碑

李鼐含 + 吴孝儒 —————— 110
有趣的桌面设计

马聪 —————— 112
刺绣风景画

马岩松 / MAD 建筑事务所 —————— 114
星际设计愿景
骨相结构

如恩设计 —————— 118
工艺灵感的设计
新解读

东方荟 —————— 122
新中式

众产品 + 宋文中 —————— 124
新中式设计的视野

众产品 —————— 126
智慧的线条设计方案

吴孝儒 —————— 128
融合过去与当下

品物流形 —————— 130
材料的实验

邱思敏 / QIU —————— 132
庆祝不完美

「上下」 —————— 134
奢华的材质
设计工艺探索
触摸木材
高科技 + 老传统
拟人化

邵帆（昱寒） —————— 144
解构明式家具
设计还是艺术？

邵帆 + 温浩 —————— 148
金属明式家具

沈宝宏 / U⁺ —————— 150
极简主义是黑色的

简单平和的审美
明朝的精神

十二时慢 —————— 156
穿越时光的思考
用中华之光照明
线条 + 比例

石大宇 / 清庭设计中心 —————— 162
竹艺大师
用竹子实验

宋涛 —————— 168
传统 + 现代
化石系列

宋涛 + 吴作光 —————— 172
半透明性 + 不透明性
起伏的中式线条

Stellar Works —————— 174
向内向外

陈思进 —————— 176
联结斯堪的纳维亚

谭志鹏 + 罗黛诗 / 蛮蛮鸟工作室 —————— 178
流动的有机体
金属之歌

蔡烈超工作室 —————— 184
中式极简主义

温浩 / 先生活 HAOstyle —————— 186
超越经典
铜文化美学

武巍 / 素元 —————— 190
开明的设计和制造
简单 = 灵性

肖天宇 —————— 194
寻求融合
诗意的风景
王朝美学

徐明 + 文吉 / 明合文吉工作室 —————— 200
古老 + 现代，东方 + 西方
新中式青铜器
上海玫瑰
Blooming 系列

"罗黛诗 / 蛮蛮鸟工作室" + "徐明 + 文吉 /
明合文吉工作室" —————— 210
雕塑的流动性 + 设计的炼金术

许恬愉 / 8 小时设计工作室 —————— 212
轻松 + 简单

杨泓捷 —————— 214
超现实的单体

腓力圃·叶 / 唐莹 + 张鹰 / 南谷 —————— 216
东方的新装饰主义

袁媛 / 如塑家居 —————— 218
充满生机的明天
唤起回忆的形状

倚至尚 —————— 222
中国文人文化

张周捷 —————— 224
前卫的座椅系列
设计的新方面
数字增长
无尽之形

郑志龙 / 拾木记 —————— 234
木头的灵魂

仲松 —————— 236
重新审视经典

朱晖 / 吱音 —————— 238
大胆的形式
小空间的优雅设计
重塑 + 功能更新

朱小杰 / 澳珀家俱 —————— 244
一位来自中国的工匠
中国木工

朱子 / 岁集家具 —————— 248
明朝地理
暖调的奢华

不造 BUZAO —————— 252
灵巧透明
彩虹之上

吴滨 /WS + 高古奇 / 梵儿 —————— 256
线条简洁的宁静

任鸿飞 / 吾舍 —————— 258
提炼东方美学

李冰琦 + 高扬 —————— 260
古怪的创意

师建民 —————— 262
精妙的冥想

赵云 / 体物之作 —————— 264
符号化的极简主义

刘峰 / 嘿黑有馅公司 —————— 266
装置舞台

中国家具 25 年 —————— 268

序言

本书的出版恰逢中国国际家具展览会（Furniture China expo）首次举办 25 周年。这个展览会每年 9 月在上海浦东举办，而且规模不断壮大。2019 年的展会占地 35 万平方米（相当于 50 个足球场），并容纳了来自 3500 家参展商的各种各样的新家具产品。此次展会也见证了本书的出版，这是国际知名作家首次全面考察当代中国家具设计的成果。本书专注于 400 多件典范作品，每件作品都代表着现代中国家具设计的新潮流。

我们与作家夏洛特（Charlotte）和彼得·菲尔（Peter Fiell）的第一次会面使我们相信，他们与我们有共同的目标，即向全球观众介绍中国当代家具设计的非凡创意和原创性，随后他们专程前往中国国际家具展览会，以选择具有代表性的设计作为本书的案例。正如您将看到的，作者在本书中还囊括了往届展览中出色的家具案例，以及他们在研究期间访问过的设计师们所推荐的标志性作品。

我们希望本书的出版能激发全世界对中国家具的兴趣，以及人们对更多知识的渴望。如今在中国有大约 6 万家家具制造商，超过 10 万名设计师直接或间接地为家具设计做出贡献。他们的产品服务着约 14 亿人的内需市场，家具的年出口额约为 500 亿美元。这是一个非常新兴和富有活力的领域，中国当代家具设计领域的创造力确实令人惊讶。

中国拥有世界上最大的人才库，并在各个领域都有大师出现——从体育、音乐到科学、艺术和设计。本书收集的作品设计风格多样，但也许更重要的是，每一件作品都具有令人耳目一新的创意，与此同时，它们的设计也反映出其独特而鲜明的中国特色。

在过去的十年中，中国国际家具展览会致力于推广中国原创家具设计，并为设计师和品牌建立了不计其数的"展示平台"。我们的"品牌家具设计馆"（Brand Design Hall）和"中国国际设计师作品展示交易会"（Design of Designers，简称 DOD）等活动已经为行业内众多新生代设计师提供了平台。去年，我们又推出了"创造者的创造"（Creation of Creators，简称 COC）这一活动，旨在从更多元化的角度为中国家具业提供支持。

至于未来十年，融合着全新的创造力和五千年文化传统的中国国际家具展览会，将继续推动中国快速发展的家具行业的创新。我们希望这本鼓舞人心的书将成为催化剂，将中国家具行业的创造力推向更加令人兴奋的高度。

徐祥楠
中国家具协会会长

王明亮
上海博华国际展览有限公司创始人
中国国际家具展创始人

固　竹纸椅
品物流形，2012 年
最初为"来自余杭"工艺项目设计

前言

下笔此序时正值 2018 年第一届中国国际进口博览会举办（一次有政治宣言意义的经贸活动）之际，中美贸易摩擦不断激化，国内经济经历了持续高速增长之后的放缓，粗放型掠夺式的发展模式逐渐转变，膨胀式的消费正在为理性主义的消费行为所取代，中国本土产品越来越受欢迎，融合传统和可持续性理念的设计品牌正在崛起。然而，在刚刚过去的"双十一购物狂欢节"当日（2018 年 11 月 11 日），天猫平台的总成交额达到了 2135 亿元人民币，这样的消费能力震惊了许多人，并在这个庞大的家具生产国引起了巨大争议。一种常见的反应是"这就是中国"，但这种说法传达出了一系列的情感，从兴奋、惊讶和困惑，到怀疑、愤懑和嫉妒。无论你如何看待它，这就是当下的中国，而这个时代就是诞生当代中国设计的时代。

在我看来，家具设计的进化是无数微创新——从材料科学到文化传承——不断集成的结果。文化就像是基因，正如生物在遗传基因的基础上发生进化，好的设计也源于好的文化。宋代汝窑的极致极简、元代水墨的写意寂寥、明代家具的舒展凝重，一直在延续中国文人对物质的节制、对精神的颐养。明代文震亨的《长物志》不过是一本薄薄小册，却记录下各种文人雅趣、营造规范和审美准则。这些被作者谦称为"无用之物"，实则却是文人日常生活的精华所在，源远流长，或显或隐。无疑，这 20 年来的中国家具设计正是一个显性的过程。从朱小杰、卢志荣、陈仁毅、邵凡、师建民、宋涛一代逐渐拉开传统文化与当代家具设计的融合大幕，到吕永中、郭锡恩、胡如珊、蒋琼耳、石大宇、温浩、沈宝宏、明合文吉以及陈大瑞、仲松、陈燕飞、周宸宸乃至越来越多的本土设计师纷纷投身其中；从当初的乏人问津，发展到今天成为深受市场追捧的原创品类，乃至"新中式设计"一词也应运而生，虽然这种风格的文化内核和艺术品位不尽一致，但这无疑是一个可圈可点的重要现象，表明公众对本土文化的认同度正在不断提高。此外，还有从线上孕育壮大的吱音、梵几、本土创造、木智工坊、意外、木墨等年轻品牌，它们也毫不掩饰自己的中国设计本心，并逐渐成为这个复兴运动的中坚力量。事实上，对于中国传统文化的重新发掘和认可是在过去 20 年间促进中国家具发展最重要的因素之一，在这一进程中，中国本土设计师发挥了关键的作用。

快速发展带来了巨变，也必然导致一系列社会问题，中国也不例外。画家刘小东说："我不是为了使一张绘画变得完美去画的，我是希望我的绘画有更多的社会参与意识。我深知艺术改造社会的能力微乎其微，但它确实让我活得有痛感。"他作

品中的三峡、"非典"、雾霾等题材无不舒张着生猛淋漓的现实。在中国设计被大量"爆款"统治的今天，"善意"的设计变得越发稀缺，所有的行为都关联着利益，唯利是图的假冒伪劣产品依然比比皆是。这时候，"设计"就必须要思考如何传达善意、唤醒良知：汉声出版社穷40年时间默默发掘整理各种美好的传统民间文化；2014年，十位中国室内设计师发起"创基金"助推设计反哺社会；品物流形的"融"设计图书馆真实记录并活化了民间工艺，他们都是令人尊敬的实践者。中国的人口多，地域广，发展不均衡，因此有着巨量的设计需求，尤其弱势群体更需要设计师的关注和行动。

正如经济学家许小年所说："当下中国瓶颈期经济宏观面的衰退恰恰是微观面的机会，企业从机会主义的泡沫回到最本质的产品本身，而创新力必定是这个时代最重要的资本。"但除了技术、模式等物理层面的创新，还有另一种意识层面的创新。如果把技术创新比作"格物致知"，那么这种意识层面的创新便是"正心修身"，或者更通俗地讲，就是价值观连同审美取向的改变。"Less is More"是德裔美籍建筑师路德维希·密斯·凡德罗（Ludwig Mies van der Rohe）90年前的主张，这一理念在今天仍然适用。经历了40年的高速发展，中国进入了物质过剩、选择过多、欲望过度的状态，"更多"已经变得愈加负面。一个宣扬"更少"的时代即将来到中国，在我看来，这是经济快速发展的必然结果，并将在人们的生理和心理两方面都造成影响。更少的消耗、更少的索取，这并不意味着消极，而是意味着用更认真的方式来设计、制造和使用。家具可以是哗众取宠的装置，也可以是正心修身的用具。更少设计，更高质量，若非如此，即使最绝对的说法在当下也不为过——没有设计就是最好的设计！德国设计师迪特·拉姆斯（Dieter Rams）就认为，"设计要耐用不能赶时髦，

因为时髦就意味着过时，而通常来说，越耐用也就越环保"。设计师要反思设计的必要性："为什么还要一款新设计？"——"是为了新的需求吗？"——"这个需求真的存在吗，还是自欺欺人的伪需求？"如果回答不了这些问题，那么设计出来的也不过是新的垃圾而已。"少则得，多则惑"，中国哲学家老子2000多年前的教诲是否会越发振聋发聩？

受到中国的设计研究者柳冠中高度赞扬的"为真实的世界设计"的理念，最初是由奥地利设计师维克多·帕帕奈克（Victor Papanek）在20世纪70年代提出的。他提倡设计既承担社会责任又承担生态责任，这种理念与中国今天的国情息息相关。正如他对西方消费驱动型社会的评价那样："创造的个体以一种十分自我的方式表达自己，他们以牺牲观众或消费者的利益为代价，这股风潮像癌细胞一样从艺术开始，迅速波及大多数的手工艺门类，最终也影响到了设计。艺术家、手工艺者以及——在某些情况下的——设计师，他们不再以消费者的利益为出发点；相反，许多创造性陈述已经变成艺术家留给自己的高度个人主义的、自我疗愈的小评论。"维克多是在描述70年代那个"不真实的"西方世界，而我们现在正真实地身处其中。

幸运的是，改变正在进行中。这些变化可以在中国建筑师陈从周约40年前在纽约大都会博物馆建造的明轩，以及最近由马岩松设计的卢卡斯叙事艺术博物馆上体现，在王世襄的权威著作《中国家具鉴赏：明代和清初期》（*Connoisseurship of Chinese Furniture: Ming and Early Qing Dynasties*，1990年）以及数字艺术家和设计师张周捷的参数化装置中也很明显。所有这些发展表明，中国设计已经开始发力，并与世界其他地方发生密集的互动。这种变化是喜人的，因为这意味着我们终于登上了国际设计的大舞台。但是，在我们成为公认的有话语权者之前，还有很长的路要走。

我与本书作者夏洛特和彼得·菲尔夫妇在2017年由旅英建筑师瞿铮介绍结识，他们是在国际上广受尊敬的设计专业书籍作家，在编辑与写作中坚持以大量的访谈考察为依据，辅以翔实的图文资料。作为身处中国当代设计洪流中的一员，我期待他们两位用旁观者的视角去自由地书写这个时代。

2018/11/19

侯正光
中国家具协会设计工作委员会副主任
上海工业设计协会副主任
"多少"家具品牌创始人

引言

回顾过去　展望未来

20世纪90年代中期以来，一场引人瞩目的中国当代家具设计运动开始萌芽并迅速发展，时至今日，这一运动已形成重要的创新产业集群，可以说正在经历一个"黄金时期"。这本书的出版旨在与读者分享这一具有重要意义的设计故事，并介绍家具设计界领军人物的作品和理念。这一批家具的出众品质和新颖设计与我们熟知的"新中式设计"理念的联系，也预示着当代中国在设计领域的全面崛起。更重要的是，鉴于中国当代家具设计的杰出成就，其势如破竹般的生命力和创造力可能会改变国际设计界"西风东渐"的现状。

首先，我们可以将"新中式设计"理解成一次设计革新运动。在这一理念的指导下，中国家具设计的复兴应运而生，20世纪80年代末，陈维正作为个体设计师在英国崭露头角，成为这一批雨后春笋般出现的设计师的先锋。90年代中期，个体设计师逐渐融入中国内地大规模的设计运动，比如艺术家出身的设计师邵帆、宋涛，90年代晚期出现的陈箴以及匠人设计师朱小杰。在过去的25年间，中国家具设计运动越发强势，新生代中国设计师源源不断地加入，他们扎根于中国传统文化，从先辈们的遗产中汲取灵感，设计出了极具创意的家具产品。他们的灵感主要来源于宋代和明代的理念以及其他时期的风格和主题，这些设计营造了一个以中国为核心的民族浪漫主义思潮。伴随着全球化进程的加快，传统文化显得越发重要，因为传统文化有着强大的凝聚力，能够让我们知道自己的来处，认清自己的身份以及在世界中的定位，最终成为人类共有的人文精神财富。以中国五千年的文化作为灵感来源，中国当代设计师赋予了他们的作品一种独特的身份，因此也引起了人们情感上的共鸣。换言之，设计的文化根基也提供了一种形式与功能结合的语境。

此外，正如侯先生在本书前言中提到的，"新中式设计"运动也在中国设计师和设计教育家中开启了一次关于设计的终极目标以及设计民族性的重要讨论。对"什么是优秀的设计"以及"为什么采用它对中国来说是必不可少的"等问题的聚焦，也无疑将在国内和国际带来巨大效益。这是因为，对任何设计思维来说，最终决定生产和消费的产品的内在价值的都是其背后的人文关怀。因此，它在社会、经济和环境等方面会产生深远的影响。当然，中国设计界的风向正在迅速转变，毫无疑问这是一个非常令人鼓舞的进步。今天，在这个联系日益紧密的世界中，中国在设计和制造方面的进展不仅会在中国国内发生影响，也会影响到其他地区。鉴于此，值得庆幸的是，"新中式设计"的先驱设计师有着非凡的才能、智慧和灵感源泉，如果能得到支持，再假以适当的条件，他们可以对世界设计产生巨大的积极影响。诚然，在这个特定的时代背景下，中国设计所面临的不是"能否"达到这一高度的问题，而是"何时"达到。

曲苑风荷
邵帆设计制作，2004 年

↗
《唐人宫乐图》（局部）
佚名，唐，10世纪，台北故宫博物院藏
这件画作描绘了唐代宫廷中优雅的仕女们坐在矮凳上围在矮桌前享受宫廷宴乐的场景。

→
《宋太祖坐像》
立轴，台北故宫博物院藏
宋太祖赵匡胤是宋朝的开国皇帝，于960—976年在位。

11

《清明上河图》（局部）
张择端，北宋，12世纪早期，北京故宫博物院藏
这一画面展示了家具和生活文化在中国历史黄金时期的面貌。

数据证实了这样的猜测，根据 iF 设计奖的首席执行官拉尔夫·维格曼（Ralph Wiegmann）的说法，中国大约有 100 万中国艺术和设计专业的学生，并且正如他在 2017 年杭州国际工艺周的一次演讲中所指出的："如果这些艺术和设计专业学生的成才率只有哪怕 1%，那么中国每年艺术设计专业的优秀毕业生人数也将超过整个欧洲艺术设计专业人数的总和。"事实上，中国有 100 多所艺术和技术学院专门教授家具设计，每年有 5000 多名学生毕业于家具设计专业。这还不包括相当多在国外学习的中国学生，其中很大一部分人正在世界顶级设计学院接受培训。除此之外，还有产品设计师、室内设计师和建筑师团队，他们在职业生涯中也不可避免地倾向于家具设计这一领域。但除了这个令人难以置信的创意人才库外，在当代中国家具设计领域被大家广泛认可的明星设计师之间也发生了一种有趣的协同聚集效应，他们都将在中国家具设计的历史上留下浓墨重彩的篇章。事实上，正是这种充满活力的——特别是在不同代设计师之间的——协同作用，极具创造性地维持着，并最终塑造了过去 25 年来新中式设计的发展。

那么，怎样才能最好地定义"新中式设计"这个术语呢？这是一个组织相对自由的设计师群体，成员大都出生于中国，或是海外华裔，他们往往在中国本土设计的根源中寻找灵感，从而创作出体现中国文化精神的、具有全新的现代形式的作品。到目前为止，"新中式设计"在家具领域正清晰地向变革迈进，从而进一步从根本上改善现状。而用于实现这一目标的风格、方法、材料和文化参考是非常多样化的，从最前卫的到相对主流的，这些设计风格都将呈现在未来的设计舞台上，这些精心挑选的家具每一件都在其文化内核中蕴蓄着独特的中国特色，有时含蓄委婉，有时则直抒胸臆。考虑到中国丰富的设计历史，西方人可能会奇怪为什么从前没有产生这样的设计浪潮，毕竟例如丹麦现代主义的许多设计符号都可以将血统追溯到中国历史上的原型。其中最著名的例子包括汉斯·瓦格纳（Hans Wegner）的中国明式椅子（1944 年）、中式椅子（1945 年）和牛角椅（1952 年），有些讽刺的是，这些都是在当今中国被复制最多的椅子设计。

当然，在西方，各种历史悠久的中国器具长期以来都被视为具有指导性的"理想"形式。然而，在 20 世纪的大部分时间里，中国设计的辉煌过往已成为历史，重点被放在了面向未来的进程上。这种看似无视历史性设计文化的另一个原因是，人

马蹄圈椅（一对）
明，16 世纪，费城艺术博物馆藏
由名贵的黄花梨木制成，扶手为弧形。

们会更倾向于将自己所在的社会环境视为理所当然，只有站在旁观者的角度才能使这种环境的核心价值变得更加明显和易解。事实上，与"新中式设计"相关的绝大多数设计师在出国留学期间都获得了对自身民族文化的强烈认同，这并非巧合。至少从西方的角度来看，另一件令人惊讶的事情是，近些年的中国设计教学大纲在很大程度上（如果不是完全的话）专注于教授已有的西方设计经典，包豪斯现代主义设计在中国就被视为辉煌的典范。许多接受本书采访的设计师通过自发的研究深入了解宋明时期丰富的设计文化。他们从收集古董、深入阅读专业出版物或参观博物馆藏品中学到的东西越多，他们就越能为这种看似"沉寂"的设计遗产所吸引。他们的深入钻研毫无疑问地开启了设计灵感的精彩源泉，从优雅的明式形制和古老的象征图案，到精确制作的榫卯接合结构和长期被遗忘的大漆技术。但更重要的是，通过这项研究，他们重新发现了中国文人精致的唯美主义，以及生活方式的文化，以儒家的伦理思想为基础，这代表了一种另类的存在方式，一种不受限制的消费主义的对立面，但是在过去 30 年的全球化进程以及中国自己创造的经济奇迹中，消费主义又扮演了重要的角色。

事实上，中国家具产业近些年的历史反映了邓小平 1978 年 12 月推行具有里程碑意义的经济改革和开放政策所带来的经济显著增长。正如一位专注研究家具的著名历史学家许美琪教授向我们解释的那样："在过去 30 多年的时间里，中国家具产业已然成长为规模最大的行业之一，今天它的年产值达到了 1.3 万亿元，其中大约 30% 用于出口。"而且，其中很大一部分收入来自为海外品牌代工。在过去十年中，出现了大量本土新兴企业，为蓬勃发展的国内市场创造了不少原创的新中式家具。这些设计品牌的一些更具开放性的产品已经进入出口市场，这些大胆的家具设计引领者的成功唤醒了更大、更成熟的中国家具制造商，让他们认识到货真价实的正品和原创实际上可以产生最大的商业价值。

中国目前的家具业面临的最棘手问题之一在于红木的使用。不断增长的需求，尤其是国内消费者的需求，近年来远远超过了可持续供应的限度。2016 年，濒危野生动植物种国际贸易公约（CITES）秘书长约翰·斯坎伦（John Scanlon）强调，现有 300 种珍贵热带硬木的生存受到威胁。同年，为了合法保护这种日益减少的供应，国际条约中增加了超过 250 个物种的相关内容，从而可以通过采伐许可证和商定配

额来管理热带硬木贸易，中国是一个非常重要的签约国。然而，令人遗憾的是，非法贩运珍稀木材仍然是一个严重的问题，根据估算，其中有 50%~90% 都是来自亚马孙、中非和东南亚等地的硬木。非法采伐不仅危害了某些树种的可持续生长，而且还会导致对某些重要自然栖息地的不可逆破坏，这些栖息地是一些世界濒危动物的家园。此外，非法采伐导致的森林植被破坏也助长了全球气候的变化。

值得庆幸的是，中国日益增长的环保意识已经给人们的态度和品位带来了转变，尤其是在年青一代中。当然，这依旧是一个难以破解的窘境，因为经过时间的沉淀，这些稀有的热带硬木已经与中国特有的古典家具文化密不可分。于是，很大一部分中国制造商开始规避使用红木，转而采用可持续生长的美国胡桃木，后者与红木有着相似的质感和颜色。这种趋势有望继续发展，这使得中国制造商有可能把产品出口到重要的海外市场，例如美国和欧洲，在这些地区红木家具的进口已经受到了严格管制甚至禁止。

在当今中国家具业的背景下，深入研究中国家具设计悠久而又引人入胜的历史可能具有启发意义，有助于了解它为什么会对当代中国设计师的作品产生如此重要的影响。数千年间，中国的历史在大乱和大治之间循环往复。不出所料，正是那些社会稳定和经济繁荣的时期见证了中国设计中最大的文化高潮。不过，几个世纪以来，中国人都有坐垫文化，所以生产的小家具往往是低矮的。根据历史学家张晓明在其著作《中国家具》（2009 年）中所说，这类家具现存最早的例子是一个有 4000 多年历史的小型彩绘木桌，于 1978 年出土于山西省陶寺村的新石器时代聚落遗址。商

代（约公元前1600—前1046年）和西周（公元前1046—前771年）出土的一些青铜祭祀器皿也被认为是早期中国家具，因为这些器皿配有附加的部件，可以用作桌子，来摆放祭祀的动物，也可以陈列祭祀用酒。

在周朝，冶铁技术的进步使得当时的人们能够制造更高质量的工具，从而使木制家具的生产更为容易。事实上，传说中周朝的工程师和发明大师鲁班就是著名的中国木工之父，据说他发明了锯、钻、刨子、木工用的直角尺和铅锤。至关重要的是，正是这些优良的工具为将来基于榫卯结构的细木工技术的革新奠定了基础，这一结构成为中国家具的重要特征，并且在后来的宋代（960—1279年）和明代（1368—1644年）得到了发扬光大。漆艺矮家具也在当时广为流行，楚国（？—公元前223年）的大漆家具就是极好的例证，代表了当时非凡的高超技术和审美情趣。在周朝和后来的秦朝（公元前221—前206年），中国发生了真正的设计和大规模制造的革命，人们首次提出和完善了大量先进的概念，尤其是组件标准化、可互换性以及质量监控系统。这些前卫的想法与我们现在所熟知的"现代"工业化生产遥相呼应，但中国对这些概念的开发比西方早了大约2500年，彰显出在这个阶段中国设计和制造的先进程度。在家具设计方面，当

时人们的习惯仍然是跪坐或盘腿坐在编织垫上，或借助支撑扶手形成半卧姿态。因此，低矮的桌子和屏风实际上是唯一"适于"生产的家具——后者主要用于分割和装饰生活空间。

然而，在接下来的汉朝（公元前206—公元220年），中国的家具陈设习俗发生了显著的变化。跨越了四个世纪的汉朝代表了中国创造性事业的第一个黄金时代，当时的人们建立了我们现在称为"丝绸之路"的庞大贸易网络，并且带来了前所未有的繁荣。由此带来的域外文明的影响、中国境内不同民族文化的融合以及佛教从印度的传入，众多因素最终开始慢慢改变这一时期的家居品位。也是在汉代，家具设计领域出现了一种新的漆器压纹技术，而高级官员和宗教中的权贵开始使用升高的床榻和低矮的沙发。这些设计具有双重功能，因为它们不仅提升了坐垫高度，隔开了冰冷的地板，还象征着主人较高的社会地位。像北方游牧民族所使用的低矮的托盘式桌子和来自西域的折叠式"胡床"也变得流行，还有一种用稻草或藤条编成的沙漏形坐凳，也开始被人接受。

这些不同的所谓矮家具作品可以被看作过渡性设计，有效地衔接了早期时代的编织垫与后来的"高"家具——亦即后来能使人们垂足而坐的凳子和椅子，以及与之高度匹配的桌子。在随后的唐朝（618—

907年），精英阶层中使用这些更先进的家具物品变得司空见惯。正是在这个时候，正如张晓明解释的那样，"中国家具的系统发展，可以分为以下几种类型：坐卧用具、支撑和放置用具、储物和支架式家具"。在这个时期的绘画中，我们可以看到当时人们使用的家具已经相当精致，椅子、桌子和凳子与我们今天使用的并没有太大的不同——虽然被描绘成一个相对尴尬的中间高度。尽管如此，整个唐代，中国家具风格不断成熟和发展，最终为后来的宋代家具奠定了坚实的设计基础。

宋朝是中国历史上一个令人叹为观止的黄金时代，特别是与之前的混乱时期——国家分裂成若干个相互竞争的割据政权——相比。宋朝可被分为两个截然不同的时期，北宋（960—1127年）和南宋（1127—1279年），在这个朝代的大部分时间里，政治相对稳定，社会文明高度发达，科技创新发展较快。宋太祖——这位曾经的将军——统一了中国大部分地区并且建立了宋朝，他开明的治国方针使得开封成为当时世界上最令人向往的城市。这座后来为人所熟知的"记忆之城"拥有超过100万人口，并且由于没有像其他城镇那样实施宵禁，这里的餐馆、音乐、诗歌和绘画都蓬勃发展。也是在宋代，"周末"的概念首次被提出。这个新的休闲时间鼓励了所有人追求各种活动和娱乐消遣。中国著名

←
官帽椅
明，16世纪，费城艺术博物馆藏
由黄花梨木制成，纹理闪亮。

←
扶手椅
清，18世纪晚期~19世纪早期，费城艺术博物馆藏
紫檀木制成，装饰有精致的木雕。

的艺术作品《清明上河图》，就是在 12 世纪初由画家张择端绘制的，他生动地捕捉了生活在开封的普通人的日常生活，为世人打开了一个引人入胜的窗口，去了解当时中国人的生活方式和市井文化。

宋代儒学的影响也催生了一场教育革命，新的书院和学术体系推动了一个社会阶层——文人——的崛起。这些文人在通过三轮考试成为进士后，则可成为在政府工作的官僚。为了通过这些艰难的考试，他们系统地学习了以人文主义为核心的儒家思想，强调谦卑、责任、正直和道德。事实上，学者的文化精神和良好品格潜移默化地塑造了宋代新的精英社会的结构，也因此影响到了家具设计。在座椅设计方面，当时的椅面和椅背的高度明显提升，从而达到和现在"正常"座椅一致的比例；另一方面，座椅靠背开始明显地向内倾斜。在这个阶段，椅子和桌子在高级官员的家中变得司空见惯，各种新的椅子形式开始出现，包括太师椅，其极具特色的上部横木可以用作支撑的头枕。榫卯连接工艺的使用也变得更加普遍，正因为如此，这个时代的家具往往能取得比以前更大程度的正式改进。

在宋代，建筑设计领域传统的梁枋构架技术被用于家具的设计和制造，从而为随后的中国家具设计奠定了重要的基础。宋代发明了许多其他著名的装饰装置和与家具相关的功能元件，包括三弯腿、束腰和马蹄足等。然而，大多数宋朝家具的特点是优雅简洁。但很少有实物保存下来，因为它们总是由质地较软的当地木材制成，容易腐烂生虫。今天的中国家具设计师更多地受到宋代的生活方式和概念启发，而不是宋代家具本身。

元朝（1271—1368 年）弥合了宋与明之间的鸿沟，元代的家具往往体量较大，经常施以大漆，装饰有彩绘图案，并且追求光滑的玻璃般的表面质感，这是无法单凭木材达到的效果。事实上，元朝在家具设计方面唯一真正的发明是抽屉。相比之下，明朝则真正标志着中国古典家具发展的顶峰。明朝由明太祖朱元璋创立，朱元璋是一位有着强大的反叛精神的农民战士，他迫使蒙古人撤离中原，然后夺取了帝国的天子之位。这位无情的皇帝也是一位天才战略家，他执掌的中国经历了历史上最灿烂的时代之一，当时中央集权的政府空前强大，社会稳定，文化繁荣。在他的统治下，一种新的商业精神渐渐兴起，从而也开辟了越来越多的贸易路线，国民经济也因此空前繁荣。随着人们越来越富裕，他们想要获得更好、更时尚的家具。

明朝出现的橱柜制作的繁荣可归结于三个主要因素：明代工匠对家具手工制作技术的保存、传承和发扬；海上贸易繁荣直接带来了可支配收入增长；1567 年海禁

书柜（与另一只组成一对）
民国时期，20 世纪 20 年代，费城艺术博物馆藏
这件中国装饰艺术运动时期的书柜主体由黄花梨木制成，中间的圆形锁和连接的铰链由黄铜制成。

曲线椅
陈维正设计制作，1987 年
这一划时代的设计最初于 1988 年在伦敦菲尔画廊（Fiell Gallery）展出，它的外形类似于汉字"女"。

↓
联邦扶手椅

广东联邦家私集团设计，1992 年
这是中国近些年来最畅销、被抄袭得最多的设计。

↓↓
1995 作品 4 号

来自邵帆设计制作的"椅子"系列，1995 年
由榆木、梓木以及黑色的中密度纤维板拼接而成的仿明式椅子。

解除导致大量热带硬木从东南亚进口到中国，从而大大增加了这些珍贵木材的供应。在设计方面，明代家具集中体现了一种删繁就简、几乎是崇尚简约的现代形式的原型，它依赖于完美的比例、美丽而恰当的木材、精致的无缝细木工、光滑的表面、优雅流动的线条和最少的装饰。

这种精致但低调的家具不仅反映了文人高雅脱俗的品位，也在新兴的富商阶层中流行起来。在明朝，新贵的财富导致炫耀性消费，促使了精品家具的产量增加。明式家具强调木纹的自然美，尤其是黄花梨和紫檀等稀有的红木。有时优雅的网格和精致的雕刻被融入明式家具中，突出了其结构逻辑的美感。事实上，对如此丰富的本土家具文化的重新发现，促使今天的中国设计师通过他们自己的当代设计来解读它。他们着迷于明式家具的固有DNA——它的设计、材料和结构。

到了 17 世纪 30 年代，危机开始出现在这个曾经看似无敌的明朝帝国，当时的中国因为受到来自海外的威胁，开始闭关锁国，专制统治也日益加强。明朝政府之前在朝鲜半岛与日本人发生战争，导致资金流失，而从洪水到饥荒等各种自然灾害，乃至纺丝工人罢工和农民起义，最终导致了严重的经济崩溃。在国力削弱的情况下，明朝无法击退满族人的入侵，后者因而从东北方向席卷而来，结束了明朝 276 年的统治。伴随着满族人的征战，最后一个伟大的中国封建王朝，清朝（1644—1911 年）诞生了，并且被认为是在明朝之后中国古典家具发展的第二重要的时期。

总的来说，因为受到满族传统的影响，清代的家具与明式设计相比往往体量更大，更有气势。它们还时常有着更精致的雕刻和镶嵌装饰。清代的家具通常分为三个不同的阶段：第一个阶段（1644—1722 年）延续着明代家具制造的传统，设计仍然具有简单而优雅的形式；第二个阶段（1723—1820 年）的家具变得越来越大，越来越复杂，往往将一些不同的材料和技术融入一个单一的设计中；第三个阶段（1821—1911 年）经历了工艺和品位的退步，家具设计中经常掺杂着繁缛的雕刻装饰，这也可以被看作相当于英国维多利亚盛期风格的中国新复兴主义风格。正如收藏家和设计师陈仁毅见微知著地向我们表达的那样，"所有朝代都对不同形式的美有不同的偏好，它们的不同风格与时代文化密切相关"。

中国社会的诉求和愿望也反映在 1911 年中国辛亥革命之后的家具设计中，这些设计预示着现代中国的诞生。在推翻了最后一个封建王朝并且建立中华民国之后，孙中山总统任期内，在中国也渐渐兴起了国际化的现代潮流，上海成为世界上最具国际化气息的城市之一。以 20 世纪 20 年代和 30 年代流行的中国装饰艺术风格创造的家具反映了欧洲风尚在中国的影响日益增强，但仍然保持了独特的中国特色。

1949 年中华人民共和国成立，这也开启了中国家具史的新篇章。从 20 世纪 50 年代初到 90 年代初制造的家具都深受苏联设计理论的影响——也就是说形式严格遵循功能。正如设计师宋涛向我们解释的那样，这种家具"没有感情，只有功能"，但即便如此，自 20 世纪 80 年代后期以来，这种 20 世纪 50 年代、60 年代至 70 年代间流行的家具——通常被称为"三十年"风格——已经变得越来越具有收藏价值，就像西方近几十年来的复古家具一样。

这种实用导向型家具通常由人们手工制作——利用他们可以获得的任何材料，供自己使用。事实上，人们把这种"手工"家具的制造看作对年轻男性行动力的考验，以及潜在婚姻的指标。虽然这些家具大部分是手工制作的，但也有一些大规模制造的座椅设计被认为极具标志性，因为它们非常受欢迎。其中最著名的是由广东联邦家私集团于 1992 年开发的联邦扶手椅，它被认为是中国家具设计中一个真正的里程碑，因为它既融合了中国现代感，又符合人体工程学的原理。这种扶手椅的受欢迎程度是史无前例的，这是中国家具史上第一次，正如其制造商所解释的那样："单一

产品占据了整个市场并且不断销售……它几乎遍布全国各地的销售场所，其中大多数都是仿制品。"据估计，至少有一亿把这样的椅子被出售，包括假冒品，它的成功被认为给中国家具设计指明了一个新的现代化方向。后来的另外一个设计同样被认为是当代中国的现代化设计在早期的重要表现，这就是由吕永中于 2005 年设计的鼎凳，这张凳子由一些像七巧板一样锁定在一起的实木部件组成。和联邦家私生产的椅子一样，市场上有很多向它"致敬"的产品。

虽然早在 20 世纪 80 年代后期，旅居英国的华裔设计师陈维正的作品就向人们展示了新中式设计的第一个尝试，但是艺术家邵帆于 1995 年创作的具有里程碑意义的"椅子"艺术家具系列依旧被视为引领中国全方位设计革新运动的排头兵。这

一开创性设计改革运动已经发展成熟，表现出一种非凡的创造力。这场令人兴奋的冒险般的经历已经持续了 25 年，它所创造的富有创意和想象力的作品不仅标志着中国设计中一个新的分水岭时刻，而且无疑将彻底改变世界各地人们对"中国制造"今日之地位的看法。更重要的是，作为一个重要的作品集合，本书所展示的新中式设计作品有力地证明了英国历史学家、主持人迈克尔·伍德（Michael Wood）的看法 —— 正如他在《中华的故事》系列纪录片中所阐述的那样 —— 现代进步"意味着拥抱历史。因为对历史持开放态度终究是更美好的现在与未来的基础"。这就是为什么今天有如此多的中国设计师为了展望未来而回顾历史。也许这并不令人惊讶，因为中国哲学家孔子在 2500 年前就说过："温故而知新，可以为师矣。"

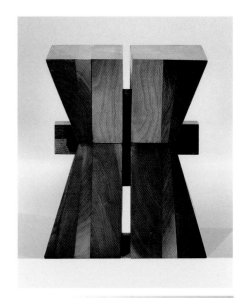

Khora 系列
郑志刚与内田繁合作设计制作，2016—2017 年，
详见本书 56—57 页

本土创造

混凝土设计

本土创造于 2011 年由许刚创立。最重要的是，该公司专注于建筑和陶瓷行业遗留材料的设计潜力，比如水泥、粗骨料、废渣、破碎的陶瓷和玻璃等。本土创造回收这些副产品，制造创新的复合材料——包括一种水磨石，以及一种环保的高强度混凝土——然后用它来制作漂亮的家具、灯具和配件。其创始人的目标是生产满足人们日常需求的设计，同时在用料上保持审美的真实性。正如该公司发言人解释的那样："我们是一个实验性的、探索性的跨界团队……通过一系列的实验和探索，我们揭示材料的原始纹理，使每种材料都回归其本真。"本土内部设计团队的信念是所有材料都具有内在的高贵，而创新的设计思维具有将所谓的低级材料转化为宝贵财富的变革力量。

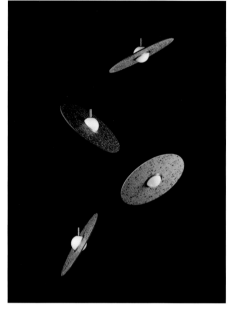

↑
水磨石吊灯 / 星
本土创造设计，2018 年

←
椅子 /H
本土创造设计，2016 年

→|
水磨石桌子 / 工
本土创造设计，2017 年

本无工作室

作为建构的设计

本无工作室于 2013 年由设计师王鸿超和游鹏在纽约市创立。虽然在中国出生、成长并接受基础教育，但他们都选择出国攻读硕士学位——前者毕业于瑞士洛桑艺术设计学院（ECAL）的奢侈品和工艺设计专业，后者毕业于伦敦皇家艺术学院（Royal College of Art）的产品设计专业。完成学业后，他们担任过各种工作室和公司的设计师，王鸿超还曾经在法布里卡 - 贝纳通（Fabrica-Benetton）位于意大利特雷维索（Treviso）的著名传播研究中心工作。2014 年，两人为罗马的 PETIT H 工坊设计了"熊"架，这一项目由爱马仕家族成员帕斯卡尔·米萨尔（Pascale Mussard）策划。这款独特而简约的结构随后被 PETIT H 团队定制为爱马仕的"收藏品"。次年，另外三位中国出生的设计师——葛炜、邓绮云和耿鹏龙——也加入了本无工作室，成为合作伙伴，他们每个人都来自不同的专业：室内建筑、产品设计和展览设计。这种新的创意血液推动着本无工作室成为一个成熟的多学科设计机构，能够在上海和北京的办公室承接各种设计任务。在家具方面，下图呈现的是本无团队的 Soft Pack，它借鉴了中国馒头的柔软性质，右图中则是真正"脱颖而出"的榫卯椅。后者是可拆卸的扁平包装设计，不需要胶水或螺丝即可组装；用锤子敲几下，就可以轻松地使它的榫头相互插合。

↑
Soft Pack
本无工作室合伙人邓绮云设计，2014 年
在米兰国际家具展上展出
它致敬了维克·马吉斯特拉蒂（Vico Magistretti）1973 年的经典马拉龙各（Maralunga）沙发设计。

→
榫卯椅
本无工作室设计制作，2014 年

陈幼坚

丝绸之路系列　椅子
陈幼坚设计制作，2015 年

从丝绸之路中汲取灵感

　　作为中国香港最著名的设计师之一，陈幼坚在他 50 年的辉煌职业生涯中赢得了 600 多个国内外奖项，这让他游刃有余地担当起了室内设计师、品牌顾问和艺术家的角色。他的东方激情以及西方和谐设计理念不仅给他带来了广泛的国际认可，也使得他的创作极大地影响了年青一代中国设计师。2015 年，他在米兰世博会的上海城市馆首次展示了他创作的设计优美、做工精致的"丝绸之路"座椅系列。这个座椅系列像蛇一样的独特形状的灵感来自欧洲古代的谈话椅，陈幼坚自己的私人收藏中就有这样的椅子。这种双座椅，也被称为"面对面"或"情人座椅"，主要用于交流对话或分享想法。这一功能促使陈幼坚思考了历史悠久的丝绸之路贸易路线，它对于东西方之间的商品、服务和知识交流至关重要。在仔细研究了他的古董椅子的形式和功能后，陈幼坚提出了自己的解读。据他所说，这种优雅的 S 形设计旨在分享和反映"东西方、过去与现在、工艺与技术、功能与形式、男女、阴阳"之间的平衡。陈幼坚对中国茶文化的热爱后来启发他设计了一个配套的茶具套装，同样以东西方的简约美学为特色，并用黑胡桃木手工打造。

陈维正

根植传统设计

　　尽管陈维正接受过英国传统的手工业培训，但古老的中国器具、造型和图案也激发了他的设计灵感。事实上，他的绝大部分设计都汲取了源远流长的中国传统精神。这就是为什么他把自己在英国的家具公司命名为"Channels"（意为"渠道"、"引导"，同时也与他的姓氏形成了一个双关），这也完美地诠释了他在设计上受中国影响的方式。例如，他的丛木杖心落地灯与中国传统纸灯的形状相呼应，而他的丛木杖心圆鼓椅则是对中国传统鼓凳的现代改造。陈维正巧妙地融合东方和西方的设计灵感，这最终让他在 2011 年获得了为上

→
丛木杖心落地灯
陈维正设计，Channels，2009 年

↓
丛木杖心高背椅
陈维正设计，Channels，2010 年

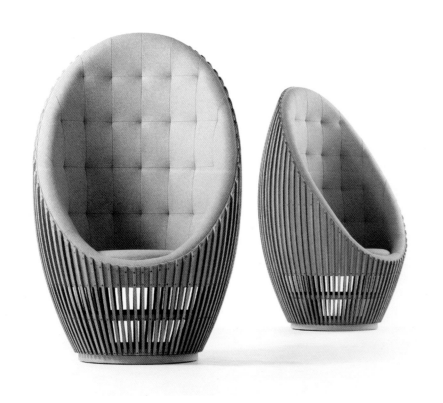

海卓美亚喜马拉雅酒店设计制作所有家具的机会。最终，他创造了一些奇妙的令人回味的公共空间，其中融合了怀旧的"中国回忆"美学与当代国际酒店的时尚感。但更重要的是，在强烈的基督教信仰的指引下，陈维正是一位道德高尚的设计师，他以绝对正直的方式处理他工作和生活的各个方面。对他来说，目标是"一个不可分割的完整性和整体性"，他的设计从根本上受到他对更高目标的渴求的鼓舞，这也使得他的作品质量非常出色。

→|
陈维正 2011 年为上海卓美亚喜马拉雅酒店
大堂设计的家具

工艺原则 + 设计的纯粹性

陈维正出生于中国香港，并在那里度过了他的童年，然后在 1979 年与家人一起移居伦敦。他在旺兹沃思（Wandsworth）综合学校最初的几年"异常艰难"，因为他几乎无法理解英语，更别说研究莎士比亚的作品和学习法语了。然而，陈维正在木工课上找到了安慰，他亲切的木工老师诺克（Knock）先生十分同情他，给了他一张签名的胶合板，上面写着"允许离开课堂"，这样一来他就可以不用上英语和法语课，而有时间去学校的木工作坊。正是在那里，他学到了高精准度的木工技能。之后，他在诺克先生的建议下前往伦敦家具学院（London College of Furniture）学习，

然后又继续在密德萨斯大学（Middlesex University）——以及如今的位于海威科姆的白金汉郡新大学（Buckinghamshire University）——学习设计，后者是世界顶尖的家具设计学校之一。毕业后，陈维正在一家业界领先的室内设计咨询公司工作，在业余时间，他继续设计和制作自己的新中式作品。陈维正于 1995 年在伦敦新国王大道开设了自己的家具展厅"Channels"。从那时起，凭借对工艺伦理、原则和设计的纯粹性——换句话说，就是高质量和简洁性——的坚定信念，他赢得了一系列东西方家具设计奖项。

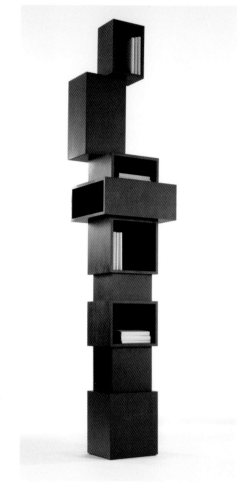

←
弘椅
陈维正设计，Channels，2015 年

→
书柜单元
陈维正设计，Channels，2015 年

↓
丛木杖心圆鼓椅 / 茶几
陈维正设计，Channels，2008 年

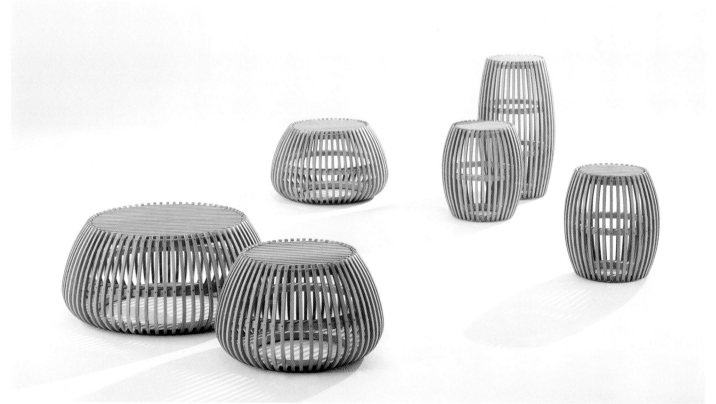

陈大瑞 / Maxmarko 木美

中式优雅

陈大瑞在河南省焦作市出生长大，这里不仅是著名的太极拳发源地，也是清朝时期建造的嘉应观的所在地。这种充满灵性的文化背景使得陈大瑞形成了道家思想主导的生活观，并有助于塑造他深刻的设计方法论。然而，大约 20 年前，当他在北京学习设计时，课堂上只教授西方设计史，正如他所说，教学的重点是"公认的西方系统"。早在那时，陈大瑞就开始觉得"有些内容缺失了"，所以他开始探索中国家具的历史，并开始相信，的确需要在东西方之间找到共同的设计基础。然而，在新中式设计的背景下，陈大瑞还注意到，没有必要盲目地重建过去本身，因为"今天我们有飞机，骑马是愚蠢的"。相反，通过家具设计，他一直在寻求东方和西方设计灵感之间"道"的平衡，他的作品参考传统的中国形式，但是以非常含蓄的欧洲方式表现出来。陈大瑞的设计是对中国传统家具类型的现代诠释，融入了优雅精致的中国元素：比如让人叹为观止的蝴蝶桌，其灵感来自昆虫的 8 字形飞行路径；以及他设计的鼓形坐凳 / 茶几（见第 33 页）。在今天中国生产的所有现代家具中，陈大瑞的设计是最符合现代西方品位的，但仍然具有真正的中国式精神内核。

→↑
霸王桌
陈大瑞设计，Maxmarko 木美，2011 年

→↑
无界小圈椅
陈大瑞设计，Maxmarko 木美，2016 年

⊐↑
蝴蝶椅
陈大瑞设计，Maxmarko 木美，2013 年

↘
RAY 榻
陈大瑞设计，Maxmarko 木美，2014 年

蝴蝶茶几
陈大瑞设计，Maxmarko 木美，2013 年

东方遇上西方

在北京中央工艺美术学院（现清华大学美术学院）学习室内设计后的数年间，陈大瑞曾为多家中国业内领先的制造商担任家具设计师，但他逐渐厌倦了做"意大利风格"的设计。事实上，他在这个阶段的梦想是创立自己的品牌，从而促进中式家具设计的复兴。他的目标是创造融合东方和西方影响的原创设计，但当时创建一个自己的品牌并不是那么容易的。他最终在 2009 年开始放手一搏，成立了一家独立设计工作室，并且在随后的第二年创立了家具品牌"Maxmarko 木美"。这个名字是自相对立的道教文字游戏，"max"意思是"大"，"mark"表示像小点一样小的东西。事实上，陈大瑞的整体设计思想为"和而

不同，土与金木水火杂，以成百物"。他的使命是实现道教"和而不同"的目标，当然，由于他个性化的设计思想，他的家具在室内使用时有着独特的标志性外观。但实际上，陈大瑞的东西方设计中最引人注目的特点之一就是它们考虑周到的比例和材料的精妙组合。他精美的设计同时具有良好的功能性和审美上的持久性，因为陈大瑞坚信，提高家具的使用寿命才是最可持续的长久之道。

←
青纱屏风
陈大瑞设计，Maxmarko 木美，2010 年

↗
春秋椅
陈大瑞设计，Maxmarko 木美，2013 年

→
鼓凳
陈大瑞设计，Maxmarko 木美，2013 年

↓
纵横 - 小茶桌
陈大瑞设计，Maxmarko 木美，2017 年

元素设计

在中国的家具设计师中，陈大瑞不仅是最具才华的之一，也是最著名的之一。他的家具设计很有意思，它们受到中国传统形式和类型的启发，并且毫不避讳地展现出了中国元素。事实上，正是这些微妙之处使它们与众不同。例如，他的寒江雪高背椅巧妙地借用了中国传统室内陈设中的屏风的形象，同时采用了一种独特的结构，使用超过 3000 根精确切成 4 毫米宽的胡桃木条压在一起制成。同样，他的

三足收纳桌是对传统青铜器造型中的鼎的当代改造，鼎已在中国传统的祭祀场所使用了数千年。另外，用于在中国古代宫殿中运送食物的传统漆盒又激发他设计出优雅的小型提香橱柜；汉字"馬"的造型激发了他的木马摇椅的外观设计。事实上，Maxmarko 木美的每一件家具都体现着中国古代的文化之根，但又在一种完全现代的设计语言中精准而巧妙地表达出来。

←
木马摇椅和脚踏
陈大瑞设计，Maxmarko 木美，2011 年

↓
提香床头柜
陈大瑞设计，Maxmarko 木美，2012 年

→
寒江雪 - 单人位
陈大瑞设计，Maxmarko 木美，2010 年

↘
月牙餐椅
陈大瑞设计，Maxmarko 木美，2011 年

↓
中国鼎边桌
陈大瑞设计，Maxmarko 木美，2010 年

陈仁毅 / 春在

独具慧眼

陈仁毅的设计之旅是一次非同寻常的历程，因为他能够将他对中国艺术和古董的精深的鉴赏力转化为一种罕见的创作力量，从而制作出一些迄今为止最完美的新中式设计案例。陈仁毅出生于台北，继承了母亲对于收藏的热爱，并且在小时候就很喜欢收集古董纺织品，在随后的青年时代，他还对考古极为感兴趣。他最初学习芭蕾舞和舞台设计，但在大学毕业后，转而进入他真正热爱的领域：收集古董。他为了追求梦想首先来到香港，然后，1992年，他在台北建立了属于自己的春在文化事业公司。在接下来的30年里，他成为中国古董行业最知名的业者和收藏家之一，同时也将业务范围拓展到了中国当代艺术领域，并策划了一系列重要的亚洲艺术展览。在此期间，他建立起一个真正的世界级古董收藏库，这些藏品最初大多是中国古代文人书房中的用具。正如他指出的那样，"收藏会激发学习的欲望，丰富生活。

除此之外，还可以促使人们去提高自身修养，反思自身的文化根源"。但另一方面，收藏也有助于收藏家培养一双敏锐的"眼睛"，后者可以应用于当代产品的设计。这正是陈先生通过一系列卓越的家具设计所做的事情，这些家具设计在仙游的工作室里由熟练的工匠使用古老的细木工技术精心手工制作。受到优雅的书法线条的启发，陈仁毅的"赞直"（赞扬美德）系列的座椅设计旨在传达空间和时间的流动性和穿透感，同时重新唤醒中国古代的学术精神和明式家具的正统美学。陈仁毅解释说："我对功能性家具本身并不感兴趣；像雕塑一样，设计的比例需要完美。我的家具设计是关于感情的，就像中国古代的文人家具一样；它们是一种精神状态的反映……人们需要明白，中国文化是一种非常精神化的文化，我们相信物体可以有一种精神。"事实上，他自己的设计当然可以被描述为纯粹中国精神的提取和升华。

赞直系列　流水灯挂式组合椅
陈仁毅设计，春在，2010 年

↑
赞直系列　流水圈口三人椅
陈仁毅设计，春在，2008 年

→
赞直系列　流水圈口组合椅（局部）
陈仁毅设计，春在，2012 年

赞直系列　流水圈口组合式坐椅

陈仁毅设计，春在，2012 年

这一设计由三部分的桌子和椅子组成，它
们可以如图所示的那样组合使用，也可以
根据室内结构分开使用。

富有表现力的线条

著名的中国艺术品收藏家和设计师陈仁毅于 2004 年创立了自己的家具品牌"春在"，在此之前他已经运营了十多年的同名文化机构。他设计的家具可以被看作对文人审美和精神的一种别出心裁的当代探索。例如，他的青藤系列（2012 年）中的流动卷曲式躺椅和椅子并没有严格遵守正式设计规则，而是旨在"引导原始生命力，象征现实生活中意想不到的、无法控制的过程和曲折"。事实上，这一系列的灵感来自明代画家、诗人徐渭，他以其艺术表现力而闻名，写过一首著名的诗，总结了他放荡不羁的精神状态："半生落魄已成翁，独立书斋啸晚风。笔底明珠无处卖，闲抛闲掷野藤中。"陈仁毅在他的设计中选择了藤条，旨在与徐渭诗中提到的野藤相呼应，

以此表现大自然混沌的生命力可以用来创造有序和美丽的事物。正如他解释的那样，"将自然界中混沌的物质塑造成人类生活的秩序似乎是一种驯服，但实际上是通过设计将它们提升到人文主义的高度"。根据中国家具制造传统，这些设计在构造中部分采用了红木，但陈仁毅也意识到了可持续性方面的棘手问题。他认为解决这个问题的唯一方法是："设计师使用最好的木材时需要非常审慎，并要能创作出最高品质的作品，否则木材的价值会遭到无可挽回的浪费。"当然，陈仁毅自己的设计确实是大师级作品，他所呈现出的一种哲学化的家具风格捕捉到了传统和现代中国设计的精髓。

↑
躺椅（局部）
青藤系列躺椅的另一个版本，陈仁毅设计，春在，2013 年
坐垫部分由藤条不规则编织而成。

←
室内装置
陈仁毅设计，春在，2018 年
这是一个典型的茶室家具陈设。

青藤系列　靠背椅
陈仁毅设计，春在，2012 年

青藤系列　躺椅
陈仁毅设计，春在，2013 年
这件作品也可以侧着放置，当作宋代风
格的低矮屏风使用。

陈旻

可拼接家具

陈旻出生于一个艺术家庭，他年幼时就接受了中国书法和传统绘画技巧的训练。他的外祖父赵宗藻是中国著名的版画家，也是杭州的中国美术学院的知名教授。不出所料，陈旻选择跟随家族的创造性脚步，他最初在科隆国际设计学院（KISD）学习设计，然后在著名的埃因霍芬设计学院（Design Academy Eindhoven）学习。随后，他在米兰的多莫斯学院（Domus Academy）获得工业设计硕士学位，并于 2009 年毕业。次年他回到中国，并于 2012 年在杭州成立了自己的多学科设计工作室——陈旻设计事务所。从那时起，他参考传统的物件和形式设计了许多创新的新中式家具，例如由三个模块化竹子元素制成的可拆卸 Steamer（"蒸屉"）系列，灵感来自传统饺子蒸笼的形式和结构。同样，利用现代化的生产技术，以可拆卸的元素为基础，"旻式椅"通过一种现代和创新的方式探索了明式家具的构

造，而他的"Y 长凳"同样基于一个元素系统，这些元素不仅可以拼接为一个外观类似栈桥的设计，还可以改造成一张桌子或一张床。

↖ & ↑
旻氏椅
陈旻设计制作，2007 年

←
Y 长凳
陈旻设计制作，2014 年

→
Steamer 系列
陈旻设计制作，2016 年
这一系列包括桌子、坐凳、衣帽架和镜子。

↓ & ↘

"MU" 衣架

陈旻设计制作，2013 年

这件作品也被称为"森林"衣架，这里展示的是它早期的原型设计。

独特的元素主义

　　陈旻的许多家具设计都以强烈的元素质感而著称。例如，他的"MU"衣架最初在原型阶段被设想为三个堆叠元素，各自采用汉字"木"的形式。在汉字的书写中，三个木组成"森"字，意思是"森林"，所以这个设计实际上是一个文字游戏，指明了它制作所用的原材料。"木"衣架最终由 12 个分支元素组成，无疑表达了树的形式的精髓，同时也着实是一件实用、稳定、简单又好用的家具。同样，陈旻也发掘了另一个汉字"工"的设计潜力。该部件由两个 T 形部件倒置组合，彼此成 90 度角。陈旻将这种重复元素结合在一起，不仅创造了一张简单而时尚的极简主义桌子，而且还创造了一个具有无限结构可能性的彩色模块化搁架系统。

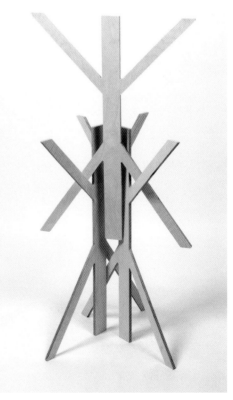

陈旻 + 林靖格

书法影响 + 循环形式

领结椅和杭州凳是中国当代著名的座椅设计，体现了中国书法中优雅的圈弧形式的风格影响。前者由林靖格设计，由13根热弯曲竹条构成，因此很轻，但具有固有的弹力耐压性和透气性。椅子环形交织形成的三个"孔"可用于存放物品，但这肯定会有损设计本身精彩的线条感。陈旻的弧形凳子同样具有强烈的视觉效果，在这一设计中，设计师采用了创新的弯曲形造型，其整体由16张竹制单板制成，每张仅有0.9毫米厚，中间仅仅使用一个简单的竹支柱保持张力。这一设计的名称采用了陈旻出生地的地名，浙江杭州，也是中国古代的一个文化中心。西湖是这座城市最著名的景点，而这款凳子的上部正像西湖水的涟漪一样散开。作为2018年罗意威基金会工艺奖（Loewe Foundation Craft Prize）的决赛作品，杭州凳因其精致的美学风格和技术成就而备受瞩目。

杭州凳
陈旻设计制作，2013 年

领结椅
林靖格设计，格子设计，2015 年

中国红 + 空间几何

陈向京是中国现代室内设计界公认的先驱，他早年曾在北京中央工艺美术学院学习，1982 年毕业后在广州美术学院任教。1989 年，他移居英国并且继续在曼彻斯特城市大学（Manchester Metropolitan University）学习。1992 年回到中国后，他协助建立了室内设计和建筑公司——广州集美组，并且担任首席设计师。在这个职位上，他负责的设计方案屡获大奖。在室内设计这一领域工作了 30 年后，陈向京在 2015 年决定成立自己的设计研究室——"京·设计"。大约在同一时间，他还建立了自己的家具制造公司，生产出引人注目的新明式家具系列，并且采用了"中国红"手工上漆。正如设计师解释的那样："对我来说，红色象征着怀旧和团聚。但是漆艺不仅具有象征意义，它是一种在中国源远流长的传统工艺，它也是可持续的，有助于保护木材。"相比之下，他的逸系列，由橡木或白蜡木制成，具有更年轻化的外观，也少了几分历史的厚重感，但其严格的空间几何形状在精神内核上仍然是纯粹中式的。凭借其正统含蓄的精神内涵和朴素的外表，这一系列以一种完全现代的方式成功地再现了古代文人审美。

↤
明系列　高背椅
陈向京设计，京逸家居，2016 年
这件设计作品是对传统的宋朝"官帽椅"的现代诠释，椅背顶部的横木造型类似宋代文官所戴的幞头。

↑↑
逸系列　长桌
陈向京设计，京逸家居，2018 年

↑
逸系列　边桌
陈向京设计，京逸家居，2018 年

陈燕飞 / 璞素

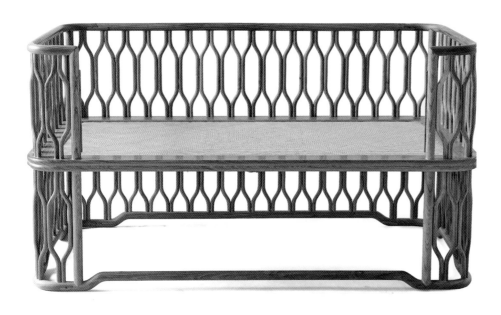

书法化的家具

　　陈燕飞的第一个爱好是书法，他自幼习字，所以他在家具设计中表现出的控制能力和特色鲜明的线条肯定反映了他对书法技巧的精准掌控。像同时代的其他一些优秀的家具设计师一样，陈先生回顾过去以便展望未来，从而创造真正的中国现代设计，这些设计具有强烈的文化认同感。但更重要的是，他的家具作品传达了传统上与书法练习相关的诗意和学术思想氛围。他的一些设计也是专门为精神的沉思而创造的，它们的直背和宽阔的座位使得坐在上面的人（如果他们愿意的话）能够盘腿而坐，摆出冥想姿势。陈燕飞认为，设计师对具有历史感的中国家具形式的诠释不应过于狭隘，而应该加以创新、升华，设计出符合当今生活方式的产品，同时也要保留强烈的文化共鸣。

↑↑
合椅
陈燕飞设计，璞素，2015 年

↑
雅直大禅床
陈燕飞设计，璞素，2012 年

←
咏梅梅花桌
陈燕飞设计，璞素，2013 年

→
南瓜凳
陈燕飞设计，璞素，2012 年
旁边为陈燕飞书法作品。

↑
璞素家具工作坊内景，展示的是天
地圈椅的制作过程。

↓
天地圈椅
陈燕飞设计，璞素，2012 年

一把椅子的制作过程

陈燕飞的公司璞素在亚洲设计界以其出众的家具品质而闻名，精湛的工艺和精美简化的新明式外观都使其脱颖而出。采用传统的中国橱柜制作技术以及竹编等古老的工艺技术，陈燕飞设计的家具以其精简的本质主义彰显了新中式设计运动的最佳特性。例如，天地圈椅的完美比例和微妙的线条与人体结构完美契合，而其朴实的优雅又赋予了它罕见的超越时尚的永恒品质。这是符合当代美学的设计，也是对中国古代文人精神的继承，中国古代的文人理解这一点：由巧妙处理造成的设计的简洁性，往往是精致的最高表现。这些作品也反映了有时被称为"华人设计"的自豪的文化特征，"华人设计"意味着专门为华语群体创造。

陈燕飞 / 璞素

从左到右依次为：

**天地翘头椅、清源衣挂、天地罗汉床、
天地小马凳，霸王枨天地方桌、天地
圈椅、南瓜凳**

陈燕飞设计，璞素

平淡简洁

作为新中式设计的先锋，璞素以代表当代华人风格的家具和高雅精致的美学韵味而闻名。该创业公司的创始人陈燕飞出生于一个医生家庭，家人一直都很鼓励年轻人去追求自己的爱好。因此，和许多同龄人一样，陈燕飞从很小的时候就开始学习书法。这也引导他走上艺术之路。他还在广州美术学院学习平面设计，并在毕业后担任各种杂志的设计师。正是在这个时期，陈燕飞燃起了对家具设计的兴趣，他开始思考如何将他对书法的热爱与这一新的爱好结合起来。2006年，他设计了他的第一件家具，这件家具由西塘的一位大师级工匠专门为陈燕飞在广州的新居打造。第二年，他找到一份在顶尖的室内设计杂志《家居廊》的工作，这给予了他极大的信心和一定的知识储备，推动他2011年在广州建立起自己的家具品牌"璞素"——意思是"简洁素净"，灵感来自诗人庄子的文句："朴素而天下莫能与之争美。"

陈宥锝 + 林庆瑾

中式迷宫

陈宥锝和林庆瑾的弄榫高足凳是一个令人惊叹的实验设计——虽然乍一看不过是一团混乱的几乎没有任何内容的铝线。这个凳子凭借其俏皮的涂鸦般的构造让人耳目一新，就好像某人的随机涂鸦被神奇地从二维平面上抬起，并做成了三维立体模型。然而，它实际上是一个比一眼看起来更加精妙的设计，因为它的构造依赖于对传统榫眼和榫头的巧妙改造，这种榫眼和榫头已经在中国家具制造中使用了 5000 多年。然而，陈宥锝和林庆瑾选择用彩色氧化铝线代替木材，以达到稳定的榫接，使这个动态的高足凳不仅可以站立起来，而且可以支撑人的体重。这个不寻常的座椅设计背后的整个概念灵感来自中国的鲁班锁（Burr Puzzle），并且因此得名。与锁的拼接结构一样，它包括可以组合起来形成拼图效果的互锁支柱，通过以一种非常特殊的顺序组装，这些元素被锁定在一起，形成坚固的结构。

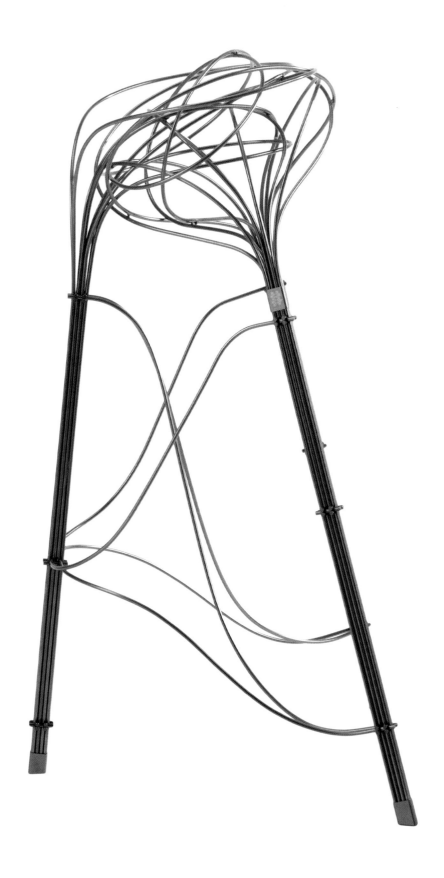

→
弄榫
陈宥锝和林庆瑾合作设计，Gallery ALL，2013 年

→｜
弄榫（局部）
此处展示了它稳定的榫卯结构。

郑志刚 + 内田繁

一项手工设计冒险

中国香港的房地产大亨和珠宝帝国的接班人郑志刚正致力于"创造当代中国文化"。他的 K11 艺术基金会成立于 2010 年，这是一个备受瞩目的非营利组织，过去十年中，通过展示他们在当地、区域间和国际展览中的作品，促进和支持着新兴的中国艺术家。2014 年，《艺术评论》（*ArtReview*）的 100 位最强艺术家名单将郑志刚评为艺术界最具影响力的人物之一。三年后，他与著名的日本设计师内田繁合作设计了一个名为 Khora 的新家具系列，该系列首次在米兰国际家具

AU1 椅子〔局部〕

ↄ
Khora 系列　AU2 桌子
郑志刚与内田繁合作设计制作，2016—2017 年

↦
Khora 系列　AU1 椅子
郑志刚与内田繁合作设计制作，2016—2017 年

↤↦
Khora 系列　AU3 椅子
郑志刚与内田繁合作设计制作，2016—2017 年

展（Salone del Mobile）上的"Wander from Within"展览中展出。正如郑志刚在展览中指出的那样："家具通常与家庭、室内和舒适相关联，具有特定的角色。如果家具被设计得超越物理敏感的界限，切断一个人与日常生活的物理联系，将心灵引导到远离平凡的短暂、奇异的时刻，那该怎么办呢？"为此目的，Khora 系列的灵感来自日本的风景和茶道，巧妙地弥合了艺术家具和手工艺品之间的差距，将座椅和桌子包裹在编织状或网格状的屏风内——后者会投下有趣而令人回味的阴影图案。这些作品由日本工匠手工制作，以栗木和竹子制成，同时还采用传统的和纸和上漆技术进行施工。这个极具诗意的家具系列虽然是郑先生首次涉足家具设计领域的作品，但却是内田繁的最后一个设计作品，因为他已在 2016 年去世。尽管如此，郑先生还是这样说道："未来肯定会有更多的家具。"

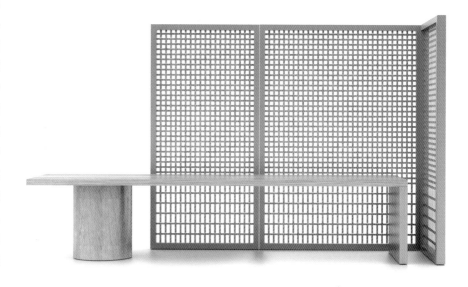

周宸宸

中国的极简主义

  作为当代中国设计的后起之秀，周宸宸是一位极具才华的创新者，他的个人使命是改革中国的设计和制造行业。有趣的是，他早年在北京林业大学学习材料科学与工程学，并没有接受过作为设计师的正式培训。然而，他天生的设计才能在他已经令人印象深刻的作品中是不言而喻的。这种不寻常的学习途径解释了他对创造可持续设计的兴趣，以及他巧妙地处理设计制造方面问题的能力。最初，他试图说服成熟的中国制造商生产他的设计，但他发现他们过分执着于根深蒂固的做事方式和一成不变的审美品位。他经常听到"现代设计成本太高"或商业上"风险太大"这些毫无新意的借口。怀着沮丧的心情，周宸宸最终开创了他自己的设计品牌，他开始追求的新中式设计有助于建立他在设计同行和消费者之中的声誉。如今，他不仅生产自己的设计，还担任许多其他具有前瞻性的家具品牌的设计师，设计出不少巧妙地平衡了实用功能和精致的审美纯洁性的作品。

现代东方主义

周宸宸坚定地致力于倡导有社会责任感的设计，并尽一切可能通过设计论坛、文化交流和展览传达良好设计的目标。他认为，正如他所说，在中国，人们对"工业升级"和"设计教育普及化"仍然有很大的需求，因为制造商和消费者越了解优质设计的道德目标，他们就越会倾向于更有利持续性发展的选择。的确，当谈到自己的设计时，他非常重视所用材料和工艺对环境的影响，因此尝试制造更具物理耐久性、更经久不衰的美学设计。他还精心设计与文化相关的家具，以建立至关重要的情感联系。为此，他以完全创新和当代的方式引用了中国传统的形式。他大胆的、现代东方主义的极简主义风格实际上非常独特，并为他的家具作品——例如备受推崇的 KONG 沙发、STACK 桌和 RONG 书案——增添了一种雕塑感和不可否认的"标志性"特色。

↑↑
RONG 书案
周宸宸设计，自造社，2016 年

↑
KONG 沙发
周宸宸设计制作，2016 年

↑
STACK 桌
周宸宸设计制作，2018 年

→
宿松茶几
周宸宸设计，荣麟良辰，2017 年

↓
CUBE 扶手椅
周宸宸设计，梵几，2018 年

↘
COMBO 沙发
周宸宸设计制作，2018 年

元素形式

周宸宸的设计通常以几何抽象和功能性游戏为特征。例如,在他自己生产的 COMBO 沙发中,他试图通过将其拼接成六个模块化单元来重新定义"经典"沙发,这些单元采用多种不同的传统室内装潢常用材料,即皮革、羊毛纺织品和布料等。这种设计的不对称性令人耳目一新,但却以最简洁的方式完成。他的 CUBE 扶手椅采用类似的方式构造,使用不对称组合的室内装潢模块,赋予其奇特的视觉趣味和特色。周宸宸对抽象元素形式的兴趣同样见于他和"荣麟良辰"品牌联合设计的桌子,六角形桌子的灵感来自东方的美学和哲学。这些设计的漆面旨在增强亚洲式的轻盈感,以及丰富色彩,它们平面和曲面的结合也有意地引用了东方的观念,即对立而和谐。同样地,他的宿松茶几将圆形和方形结合在一起,并且正如周宸宸所指出的那样,它丛林一般的交叉腿支撑着盘状大理石顶部,赋予设计一种"自然哲学感"。

罗南边几
周宸宸设计,荣麟良辰,2017 年

中式扇子

在建立自己的设计工作室之前，周宸宸曾在欧洲工作过一段时间，这种经历使他在家具行业方面获得了深入而广泛的了解。不仅在家具的设计上，而且在家具的制造和销售上，他都有着很强的掌控力。结果，当人们问"谁将成为中国的汤姆·迪克森（Tom Dixon）"时，周宸宸变成了可能性最高的答案。作为一名设计师，他最大的优势之一就是拥有一种相对稳定的标志性风格，他的风格源于他不断受到中国文化的启发，并且巧妙地利用这种启发，创造出创新大胆的家具设计，其中融合了东西方美学，在全球都具有可观的吸引力。他的 FAN 椅系列和平板式桌子就是很好的例子，它们的桌面和椅背的形状受到传统中国团扇简单的棍-圈结构的启发。然而，正如周宸宸所说："我们不想追随中国传统风格，但与此同时我们需要弄清楚中国当代风格与西方风格的不同之处。我们面临的挑战是找到自己的设计语言。"这正是他和他的团队正在以纯粹的、周宸宸式的热情和决心做的事情。

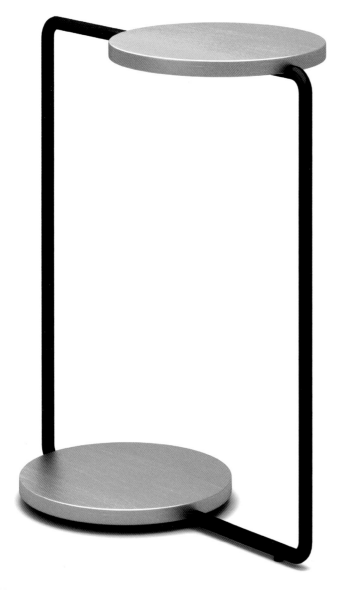

←

CONSTANT 边桌

周宸宸设计制作，2016 年

→|

FAN 椅系列

周宸宸设计制作，2017 年

完美无缺的形式

随着时间的沉淀，在设计的功能和美学方面，周宸宸变得越来越自信。可以说，他已经成为中国设计界的一位技艺精湛的小提琴演奏家了，因为他能够熟练地在作品中加入独特的表达内容，同时又能跟"乐谱"保持一致。这使得周宸宸可以创造出辨识度高的个性化家具外观，他的这类作品也许比其他任何中国设计师都更多。此处展示的家具作品反映了他大胆的审美观，他总是以非常时尚的当代设计语言直截了当地展现"当代中国设计"。周宸宸的作品脱颖而出的关键在于独特的设计语言，这种语言赋予了他的作品强烈的雕塑感，以及极高的细节质量。例如，他以简单的建筑元素巧妙地设计了 BOLD 扶手椅和 BOLD 桌案，它们堪称极简主义的大师级作品，有着鲜明的图形轮廓，他在 BING 椅和睦伦扶手椅的设计上同样运用了块状构造主义。周宸宸毫无疑问是中国当代设计的主要领军者。

←
BING 椅
周宸宸设计，自造社，2016 年

↗
BOLD 扶手椅
周宸宸设计，HC28，2017 年

→
BOLD 桌案
周宸宸设计，HC28，2017 年

↘
睦伦扶手椅
周宸宸设计，荣麟良辰，2020 年

哈木的房间

专为小朋友设计的家具

家庭观念是中国社会的基石。由于最近才放开的独生子女政策，中国的小孩往往受到父母和祖父母的特别宠爱。在家具设计和生产方面，这意味着几乎每个中国设计主导的家具品牌，从"8 小时"设计工作室和"失物招领"设计工作室到"Maxmarko 木美"和"素元"，都在其产品系列中专门为儿童设计了创新产品。这些作品往往最初是设计师为自己的孩子创作的，后来才投入生产。这种以儿童为中心的设计也推动了一些专门的儿童家具品牌的成立，"哈木的房间"便是其中最有趣和最受关注的之一。哈木的房间坚持"精致和简约"的原则，设计出了令人耳目一新的、兼具原创性和趣味性的儿童家具。特别值得一提的是它的一系列小型椅子，它们采用不同的生肖动物形式，包括 MINI

猴、聪明鼠、勤奋牛、勇敢虎、机灵兔、飞天龙和敏捷蛇。哈木的房间使用森林管理委员会（FSC）认可的硬木组合——即北美黑胡桃木、美国硬枫木和美国红樱桃木，并且巧妙地使这些木材的颜色形成鲜明对比，创造出具有中国传统的榫卯关节等特色元素的家具。它的设计充分体现了当代中国木工艺的最高水平，拥有令人陶醉的童真风格，能够引发富有想象力的创造性游戏。

洪卫／未

道家设计

↑
书法招贴画
洪卫在上面描绘了他设计的品椅，2017 年

对于洪卫而言，"东方"一词意味着存在于形而上学领域的概念，这些概念可以体现在物质对象中。在道家哲学中，人们相信物质内部被精神充满，所有人类的活动都应该与自然相符。正如洪卫指出的那样："我最关心的是人类的感受……设计是关于人际关系的……设计可以达到的最高境界是提出概念。"他的这种态度其实并不令人惊讶——一旦你了解到洪卫在学生阶段和职业生涯中都是一名技术娴熟的视觉传播者，并且在过去十年左右

的时间里，一直作为一位有影响力的倡导者，将平面设计与中国相关内容融为一体的话。他现在正在家具设计领域做同样的事情，并取得了惊人的成果。这里的三件明式风格设计与另一件精美作品展示的几乎是精神上的形式升华，以及典型的体现禅宗思想的工艺。洪卫的目标是通过创造融入东方哲学的家具，将传统工艺的智慧与适合当代生活方式的优雅简约相结合，从而激发人类生活中的禅意。

↑
品椅
洪卫设计，未，2016 年

→
间椅
洪卫设计，未，2014 年

贵椅
洪卫设计，未，2016 年

层椅
洪卫设计，未，2016 年

明式风格的影响

　　虽然洪卫的家具灵感来自中国历史悠久的传统造型、象征形式、装饰图案和建筑结构，但他能够将其中国精髓融入具有雕塑般的强烈现代感的高度抽象形式。他将这种华人的设计精神描述为"东方韵"，洪卫还认识到，中国的设计不应该像他所说的那样"落入民族主义的狭隘思路中"，也不应该"走向当代西方现代主义的方向"，因为这会导致"一场巨大的失败，一场惨败"。相反，洪卫使用传统的中国榫卯细木工技术，创造了新明式风格的作品，这些作品比例和谐，是对古老中国形式的三维再现，但却以一种完全现代的设计语言诠释出来。洪卫的设计秉承了东方哲学精神，他精心设计打造的椅子是现代中式设计的最佳典范。

↑
层椅结构图

↗↗
云椅
洪卫设计，未，2018 年

↗
宽椅
洪卫设计，未，2016 年

→
文椅
洪卫设计，未，2018 年

迷宫一样的椅子

洪卫是屡获殊荣的平面设计师和创意总监，也是享有盛誉的国际平面设计联盟（AGI）的成员。除了在这个领域中声名斐然，他还涉足家具设计，从 2D 跨越到了 3D 领域。他的新明式家具设计以其出色的部件品质和醒目的图形轮廓著称。实际上，对真正标志性设计的一项考验就是，是否可以仅凭轮廓就被识别出来，而洪卫的设计很容易实现这一点，因为他的家具具有这种外观识别度。然而，在他的所有设计中，在技术和美学上最出名的作品还是他出色的熙椅，其灵感来自中国传统的鲁班锁。它们是由有缺口的木头制成的，这些木头按顺序锁在一起，类似于多刺的种子箱。熙椅复杂的 327 个部件不仅是对中国匠心和工艺的精湛表现，而且还具有引人注目的雕塑质感，涉及光与影、实与虚、阴与阳。

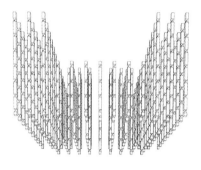
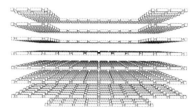
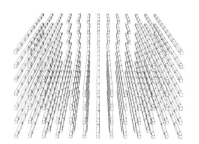

熙椅结构图
展示了这件作品的 327 个零件。

熙椅
洪卫设计，未，2016 年

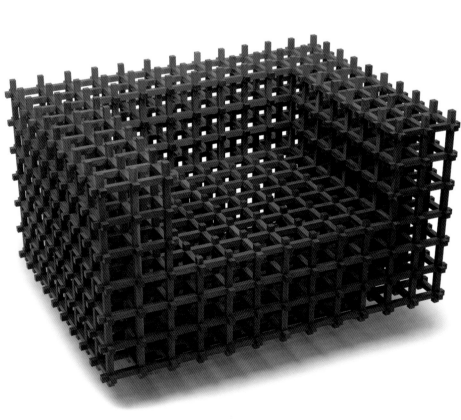

↓

熙椅（局部）
展现出迷宫一般的构造。

侯正光 / 多少

为饮茶设计

除非你是中国人，或者是有幸对中国文化有着深入理解的人，否则很难理解茶文化在中国社会中的重要性。事实上，喝茶对促进各种社会活动都意义非凡，因此，中国人围绕喝茶形成了一系列极为正式、极具仪式感的行为，但同时也有极为平常和随意的饮茶方式，二者神奇地共存着。鉴于这些原因，大多数中国家具品牌都会生产茶家具组合。这并不奇怪——事实上，它们有各种形状和尺寸，并且不同的价位也适应了不同人群的需求。在这些创新型茶家具设计中，侯正光的"三人行"茶几和配套墩子是最出色的产品之一。这个小巧但极具雕塑性的家具系列受到了儒家思想的启发："三人行，必有我师焉。"该组家具是螺旋形扭转构造，具有强烈的动感，更能呈现胡桃木层叠结构所营造的肌理之美。侯正光设计的"有余"茶桌配有坐墩和长椅，同样美丽优雅，功能性也极强。桌子的曲线形状暗示了鱼翔浅底，波光潋滟。这些茶家具组合拥有精致而有吸引力的有机形态，具备平静而又现代的禅宗美感，完全符合中国茶艺既日常又非常的特质。

↑
三人行　茶墩和茶几
侯正光设计，多少，2006 年

↓ & →
有余　茶桌、长凳和短凳
侯正光设计，多少，2015 年

兼容并蓄，雅俗共赏

侯正光出生于1972年，最初在中国攻读设计，之后在英国海威科姆的白金汉郡新大学获得家具设计硕士学位。这所学院通常被称为"海威科姆"，并且被公认为是世界上最好的家具设计教学学院之一——事实上，英国著名设计师罗宾·戴（Robin Day）和卢西安·埃尔科拉尼（Lucian Ercolani）也是其校友。重要的是，学院始终与当地家具行业保持着紧密的联系，这意味着学生往往对制造业有着良好的实践层面的理解。当然，侯正光在那里得到了极好的专业训练，回到中国后就开始了他成功的设计生涯。2009年，他建立起自己的家具和生活方式品牌"多少"，并在短短数年内成为中国最具影响力的设计师之一。他的成功要归功于他在家具设计领域的创造力，他的作品是东西方文化影响的微妙融合。为了简单起见，欧洲人倾向于直接借鉴中国传统的设计形式，而侯正光的作品则以实用功能和审美需要为导向——甚至强调后者是前者的结果。侯正光的设计采用天然材料、简单形式和高品质工艺，强调细节的美感。但更重要的是，他低调的设计作品总是易于为大众所接受，这使得他的"多少"呈现出一种极为难得的雅俗共赏的妙境。

↑
百宝厅柜
侯正光设计，多少，2009 年

←
六合咖啡桌
侯正光设计，多少，2018 年

→
苏州组合柜
侯正光设计，多少，2006 年

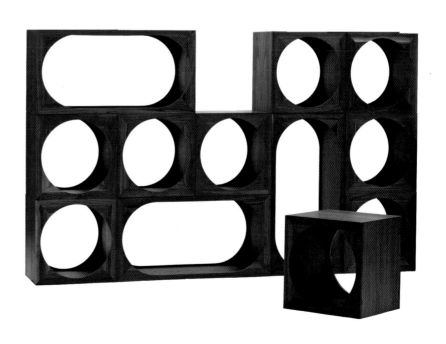

明朝的记忆

在许多方面，新中式设计流派都与 19
世纪末和 20 世纪初英国的工艺美术运动
相似，它旨在重振本土工艺传统和理想的
传统家具形式，在创造当代作品的同时保
持与传统的联系。侯正光的设计作品可以
理解为对理想的明式设计的升华，他以及
与"多少"品牌相关的其他设计师——
例如刘奕彤、戚亿颂、江柏明、卢智旸等
人——的作品都体现了超群的品位、周
到的功能和精湛的工艺，这使它们不仅与
众多竞争对手区别开来，而且也具备了在
未来成为备受喜爱的古董的可能，这里展
示的胡桃木架子、椅子和凳子就是很好的
例证。

↑
无知茶椅
侯正光设计，多少，2019 年

←
言稀椅
戚亿颂设计，多少，2011 年

←
片段圆凳
侯正光设计，多少，2009 年

↓
叠罗汉博古架
刘奕彤设计，多少，2010 年

更观念化的装饰

侯正光设计过几件有趣并且采用新兴技术的橱柜，将像素化的图像巧妙地雕刻在木质门板上，使其像抽象的水墨一般浮现出来。从远处看，这种效果让人想起中国古代的山水画；然而，在近距离观察下，图案具有了更加当代和类数字化的美感。当然，这些像素化的山水创造了一种产品与用户之间的奇妙互动——站得更远时，才可以更清晰地看到它们，站得很近，图案就被分解成一颗颗看似随机雕刻的圆点。这种富含辨证性的设计是否参考了自然界的真实体验呢？"不识庐山真面目，只缘身在此山中。"这几个橱柜证明了，在新中式设计流派的探索中，也可以找到技术和美学的融合，它们极好地回顾了传统，更回应了当代。正如侯正光所说："设计不是无中生有，也没有纯粹意义上的原创设计。创新是发现美的过程……方法就是温故而知新。"

←
见南山餐边柜
侯正光设计，多少，2012 年

→
见南山两门餐边柜
侯正光设计，多少，2012 年

↓
见南山餐边柜
侯正光设计，多少，2012 年

聿见 + 艾宝家具

大胆的当代声明

长期以来，用三维的方式表现权力和等级一直是中国文化的一个特征，在家具设计方面，这个理念在今天通过"老板桌"这种众所周知的家具表现出来，这种桌子上面有一个大型的发言台。事实上，在大多数大公司中，首席执行官都有一个宽敞的办公室，其中老板桌往往位于办公室的中心。这种家具旨在打造和象征使用者的尊贵地位，但它也是对中国文人文化的一种认可。事实上，这种类型的桌子通常会有一个特殊的抽屉用于存放书写用纸，并且会在桌面上摆放古代文人们常用的文具，例如毛笔和观赏石。在这里，我们可以看到对老板桌有两种截然不同的现代诠释：聿见简约风格的书桌有着强烈的视觉冲击力、几乎建筑化的风格和大胆的对称轮廓；而艾宝家具设计的逻辑书桌更具现代化的动感，采用不对称布局，由四个分区桌面组合而成。这里展示的其他设计同样反映了中国家具企业日益增长的设计信心，以及东方形式和图案在现代的复兴。虽然这些设计主要用于华人市场，但它们也可以拥有更广泛的国际吸引力。

↑
逻辑书桌
董合肃、李南设计，艾宝家具，2017 年

→
麦克斯餐椅
董合肃、李南设计，艾宝家具，2018 年

→
70° 茶几
董合肃、李南设计，艾宝家具，2018 年

↓
栋系列　沙发和茶几
陶金成设计，聿见，2018 年

↓↓
棹系列　写字桌和扶手椅
陶金成设计，聿见，2018 年

杨明洁 + 刘江

玩转形式

杨明洁是一位屡获殊荣的工业设计师和设计战略师。他也是一名设计收藏家，并且在上海拥有自己的私人工业设计博物馆。在浙江大学和中国美术学院学习后，他随即前往德国攻读工业设计硕士学位，并获得了 WK 基金会提供的全额奖学金。之后，他在西门子担任产品设计师，最终回到中国，并于 2005 年成立了自己的代理商品牌"羊舍"。他曾在多家国际设计主导品牌工作过，包括绝对（Absolut）、奥迪（Audi）、标致（Peugeot）、希格（Sigg）、途明（Tumi）和维氏（Victorinox），此外他还极大地推动了中国设计可持续发展的事业。他的"榫卯的重构"扶手椅，有着醒目的切面外观，是对中国榫卯和细木工的当代探索，而他的屏风则是对中国画的惊人的三维解构。至于另一位，刘江，他虽然有着更传统的手工艺教育背景，却将古老的中国形式和细木工技术诠释成令人耳目一新的当代风格。他的新明式扶手椅和"鱼跃"座椅与杨明洁的设计一样，代表了新中式设计风格。

✓ & →
"榫卯的重构"扶手椅
杨明洁设计，羊舍家居，2016 年

↗
"中国画的三维解构"桌屏
杨明洁设计，羊舍家居，2015 年

↘
"鱼跃"座椅
刘江设计，Liu Time, 2017 年

↘↘
嬉椅
刘江设计，Liu Time, 2012 年

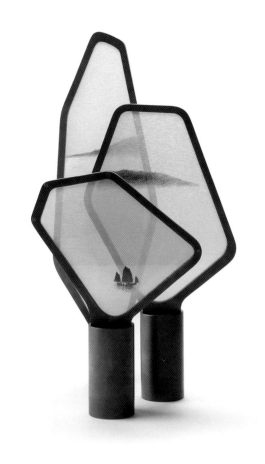

构建工艺的简单性

作为中国最受尊敬的教育工作者之一，江黎是北京中央美术学院设计学院产品专业的教授。她最重要的举措之一是在2002年设立两年一度的"为坐而设计"国际大赛和赛事作品展，一直持续了近15年之久，对中国的设计教育发展产生了深远影响。从那时起，全国各地设计学院的家具设计都以此为课题，很多当代中国有影响力的设计师都参加过这个设计大赛。十几年中，这项赛事在提高中国创新设计意识方面起到了巨大的推动作用。江黎在她的教学中一直鼓励学生进行实验和创新，迄今为止，他们已经创作出了多种多样的设计。有了江教授和中国其他优秀的设计教育工作者，"中国设计"这个词的含金量正稳步提升，并逐渐取代着"中国制造"的

标签。事实上，她相信"在不久的将来，中国设计师将不得不应对在世界舞台上的挑战"，所以她尽最大努力让学生掌握这样的创新设计技能。另外，她喜欢用天然材料设计家具，其中最著名的是由藤条编制成的"马背上的骑士"坐凳，这一设计意在唤起坐在马鞍上的感觉，同样反映了她对使用可持续天然材料和基于传统手工艺的创新制造方式的探索兴趣。"Goo设计"推出的实木儿童家具也有类似的手工简约风格。通过使用传统的榫眼和榫头固定家具，Goo设计的家具——包括这些小型椅子——非常结实，消费者们可以自己很轻松地动手组装，因此非常适合在线销售。江黎和Goo设计的工作表明，设计创新不一定要依赖高科技的生产方法，同样可以通过具有人文关怀的高超工艺来实现。

↖
"马背上的骑士"坐凳
江黎设计制作，2007年

↤
"鸟巢"矮凳和"翼"咖啡桌
江黎设计制作，2007—2008年

↑
大孩子的桌椅
Goo设计设计制作，2017年

顾家家居

中国当代主流

顾家家居是中国最知名、发展最快的家具品牌之一，拥有超过4500家专卖店，并在120多个国家和地区销售其产品。它拥有广泛的产品线，越来越多地反映出中国设计和制造主流中出现的崭新当代精神。当然，中国的口味正在迅速变化，年轻的消费者们想要更高品质的家具，从而更好地适应现代生活方式——而这正是顾家家居的专长。顾家集团拥有顾家家居以及若干个其他家具品牌，这个集团的前身是顾玉华于1982年在江苏省南通市创办的顾家工坊。该企业以天台的工艺传统为灵感，致力于改善沙发制作技术，同年便推出了备受欢迎的休闲沙发产品系列。1996年，杭州海龙家私有限公司成立，四年后便首次参加了在上海举办的中国国际家具博览会，从而有效地扩大了其国际客户群。2003年6月，"顾家工艺"这一品牌正式成立，两年后首次在德国科隆国际家具展展出。同年，顾家家居也开始与意大利的沙发品牌卡利亚（Calia Italia）合作。为了跟上销售额的增长，他们于2005年在杭州下沙开设了一个大型生产工厂，占地面积为164500平方米，然后在2006年，他们又在镇江开设了另一家工厂。次年，顾家家居又推出高端真皮沙发系列，并且在荷兰开

设了专卖店，预示着顾家品牌的日益国际化。同样在2007年，顾家集团拿下了为中国国际航空公司T3航站楼（A标段）提供座位的合同——这也是2008年北京夏季奥运会项目的一部分。随后公司规模迅速扩大，2011年，顾家家居有限公司正式成立。该公司于2015年展示了世界上第一款3D打印沙发，并于次年在上海证券交易所成功上市。从那时起，作为"走出去"战略的一部分，它已经购买了意大利纳图兹（Natuzzi）公司的大部分股权，还收购了著名的德国家具品牌罗福宾士（Rolf Benz）。作为中国软体家具行业最具竞争力的参与者之一，顾家家居赢得了众多奖项，并一直致力于设计创新，他们推出的3D打印沙发强有力地证明了这一点。然而，这里所展示的时尚现代设计才是其最大的优势，因为它们具有在国际上广受欢迎的实用性功能，以及平易近人的优雅美感。

2618 模块化沙发

顾家家居设计团队设计，顾家家居，2015年

2728 沙发
顾家家居设计团队设计，
顾家家居，2015 年

A1018 休闲沙发
顾家家居设计团队设计，
顾家家居，2014 年

赖亚楠 + 于红权 / DOMO

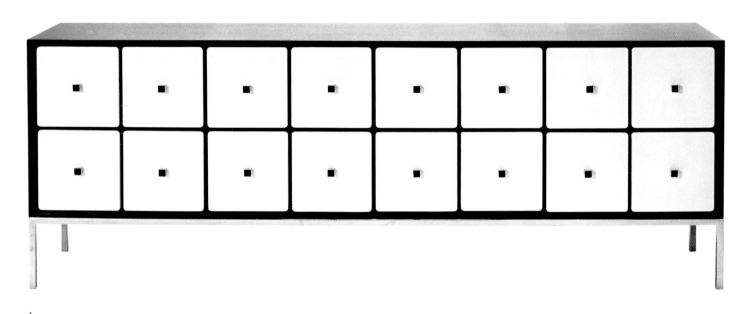

↑
黑白意象　大漆蛋壳镶嵌功能低柜
赖亚楠和于红权设计，DOMO nature，2006 年

↓
两款大漆蛋壳镶嵌功能低柜上的方形把手
赖亚楠和于红权设计，2006 年

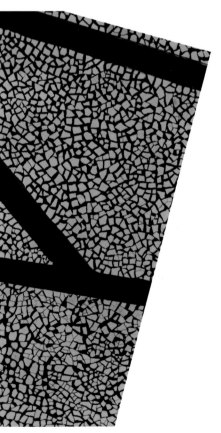

现代漆器

　　赖亚楠和于红权是两位杰出的中国室内设计师，他们因以人为本的设计方法而闻名，旨在为消费者提供情感上的舒适和幸福。2004 年，这对夫妻创立了"DOMO nature"，该品牌已成为中国最受瞩目的家具和生活品牌之一。它不仅是新中式设计的早期支持者，而且还极大地推动了赖亚楠所描述的"集成系统设计概念"引入中国，这意味着她将他们设计的家具系列融入了完全整合的室内环境。事实上，DOMO 的画廊式展厅与中国其他大多数家具品牌的展厅一样，是一系列主题客房，如果客户愿意，他们可以买到一个整体的设计。这对夫妇对收集中国古董家具和手工艺品的兴趣不断为其广泛的当代设计提供养料。例如，他们 2006 年的家具系列展示了漂亮的蛋壳漆面的产品，再现了上海 20 世纪 20 年代时尚的装饰艺术美学。

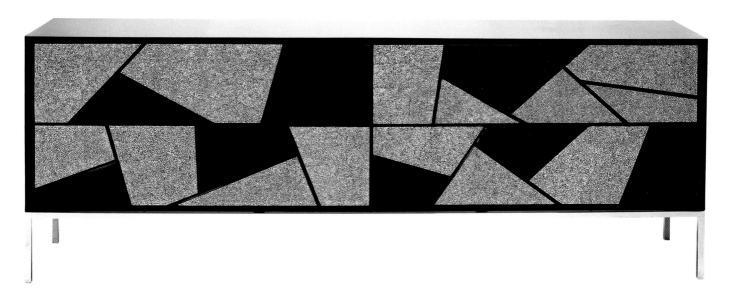

→
山椅
赖亚楠和于红权设计，DOMO life，2015 年

↓
情侣山椅
赖亚楠和于红权设计，DOMO life，2015 年

为户外设计

在"DOMO nature"这一品牌取得成功后，赖亚楠和于红权于 2015 年成立了一个新的姊妹品牌——"DOMO life"，专门设计和制造时尚的现代户外家具。其中最著名的是防风雨设计产品，包括极具雕塑感的豌豆椅，它具有藤条包裹的有机形态的靠背，还有山椅和沙发，这些都象征着中国传统绘画中常见的山水景观。通过这些设计，赖亚楠和于红权想要传达自然世界的精神，因为他们相信这将使人们能够在更加情绪化的层面与家具联系起来。正如他们所说："设计应该反映生活的美学和生活哲学……设计应该触及并反映精神世界。"

→ & →
豌豆椅
赖亚楠和于红权设计，DOMO life，2015 年

李若帆 / 失物招领

"三十年"时期的风格

"失物招领"是中国领先的家居品牌之一，也是率先推出新中式风格的品牌之一。李若帆原本是南方人，最初以配饰设计而闻名，她于 2008 年创办了这家公司。在此之前，她在 20 世纪 80 年代末还经营了几家中国最早的咖啡店，后者也给她提供了施展设计才能的机会，与此同时，她的古董收藏不断增加，其中包括中国受苏联影响的"三十年"（从"文化大革命"到经济改革时期）间的一些不知名家具。在 20 世纪 80 年代和 90 年代，李若帆也受到日本的生活方式和礼节文化的高度影响，她开始收集日本手工艺品，巧妙地将其融合到她的咖啡店内部。最终，她开始设计引领实用主义"三十年"风格的家具。到 2008 年，当她在北京开设第一家失物招领展厅时，对"三十年"这个时代的怀旧情绪正在日益滋长，面对着如此激烈的经济、文化和社会的发展与碰撞，许多人开始怀念失去的简单生活方式。事实上，失物招领背后的核心概念就是创造具有天生纯净感和简洁感的家具，并提供朴实无华的实用性和舒适性，以使人们在家庭环境中感到温馨自在。

→
沉香卧室柜
李若帆设计，失物招领，2008 年

←
上海铁管椅
李若帆设计，失物招领，2008 年

→
学生书桌
李若帆设计，失物招领，2008 年

简约中式

　　"失物招领"是 21 世纪初在中国开设的首批独立品牌家具店之一。它的创始人李若帆是"慢节奏"设计的拥护者，并坚信"家应该有家的样子，而不是商店"。家具的社会功能对她来说非常重要，通过她的"安静设计"，她希望提供一种平静和健康的感觉。她喜欢低调、随意、几乎与背景融为一体的设计，因为它们如此谦逊。她以及她设计团队的那些简单、不起眼的设计，都是华丽的"大亨"风格的对立面，她调侃地指出，不那么精通设计的年轻客户经常会认为她的家具太简单，并且想要更具设计感的家具。这里展示的作品展现了失物招领典型的简约而别致的中国美学，每一种都以非常简约的方式设计出来，并且借用了中国明代的传统形式，但精美而细致。例如，肖岳的齐家圈椅就借鉴了明代的"马蹄椅"设计。

家人宝宝椅

肖岳设计，失物招领，2016 年
适合六个月至三岁的婴儿使用。

高·亮格柜
肖岳设计，失物招领，2012 年

齐家圈椅
肖岳设计，失物招领，2012 年

齐家条案
肖岳设计，失物招领，2012 年

中式实用主义

失物招领的创始人李若帆花了很多时间思考家具的功能，以及在日常生活中的作用。正如她所说："生活的重担已经足够沉重，所以我想为人们提供简洁漂亮的家具，整洁而干净。生活应该是这样，简简单单。"因此，李若帆和她的内部设计师团队的许多设计灵感都来自日常生活中常见的不知名设计。该公司的"Normal"家具系列（包括此处所示的书柜）体现了她所寻求的简单直观和功能灵活性。"Normal"系列的橱柜基于模块化的概念，每个元件都设计得像一个积木，可以与其他元素结合，创造出一系列不同的床头柜、书柜和

电视柜。赵牧一的随心茶几因其极强的功能适应性而备受瞩目。它有一个三足的"老式"支架，既简单又稳定，也易于拆卸和运输。该茶几的高度 37 厘米也是经过仔细考虑的，这一高度非常方便它与椅子或沙发的配合使用，而在盘腿席地而坐时，也可以把它当作餐桌。同样由赵牧一设计的随心边几也具有很强的适应性：桌面可以用作托盘，而可移动支架在不使用时可以很方便地折叠起来。然而，可能还是如月梳妆台最能体现失物招领的美学观："家具必须是一个日常、安静和美丽的存在。"

↑
Normal 双屉组合柜
池帅帅设计，失物招领，2017 年

→
如月梳妆台
赵牧一设计，失物招领，2016 年

←
随心边几
赵牧一设计，失物招领，2016 年

↓
随心茶几
赵牧一设计，失物招领，2016 年

↑↑
如月梳妆台（局部）

↑
作为托盘使用的随心边几桌面

骆毓芬

对凳子的重新思考

与许多华语设计师一样，台北设计师 Judy Lo 也有一个中文名字——骆毓芬。她在台北实践大学学习工业设计，是华人圈中为数不多的女性设计师之一，并且在男性主导的设计世界中取得了一席之地。她是品研生活美学有限公司的创意总监，并在 2014 年"Maison&Objet"巴黎展会上被评为亚洲新兴人才——作为台湾地区第一位获此殊荣的设计师。她专注于生产以当地文化、材料和工艺为基础的现代设计。因为当地有长竹编织的传统，所以她的大部分设计都采用了极佳的天然材料——竹子。骆毓芬最著名的设计是汝玉板凳，这一作品于 2012 年在伦敦设计节上首次亮相。该设计的形式基于中国古代的玉币。它的凳面部分是一个光滑的实木圆圈，触感温暖，坐下来非常舒适。凳子腿巧妙地由弯曲的竹带制成，支撑着这个圆形的实木凳面，虽然外观精致，却具有惊人的韧性。这一作品给人的整体观感是凳面似乎飘荡在空中，仿佛违反了万有引力

定律，唯有通过竹子的锚定环才能把它固定住。骆毓芬设计的蓬蓬裙椅 / 茶几也是用竹子制成的，同样具有创新性。这种有趣的多功能设计融合了三个由竹子编织制成的开放式管子，后者支撑着一个托盘状的木制顶部，可以在上面放置圆形的坐垫。其卓越的视觉冲击力得益于骆毓芬对竹子极高强度重量比的巧妙利用。

↑ & →
汝玉板凳
骆毓芬设计，并与南投（竹山镇）工艺家陈高明共同制作，2011 年

↙
蓬蓬裙椅
骆毓芬设计，并与南投（竹山镇）工艺家苏素任共同制作，品研生活美学，2013 年

吕永中 / 半木

文化影响

吕永中既是建筑师又是设计师，他于2006年建立了自己的家居生活品牌"半木"，旨在"寻求城市生活的宁静"，他的设计具有高度克制的美感，能够唤起人们内心的平静。"半木"是个复合词，"半"象征着在实用性和灵性之间取得平衡的道教思想，"木"不仅指他的大多数设计中所运用的原材料，也是——正如吕永中所说——"包含自然生命起源的形式"。他的许多设计都受到了中国文化的影响。例如，他著名的苏州椅的灵感来自横跨大运河苏州段的枫桥的拱形，以及该城市那些历史悠久的园林的布局和结构中的优美线条。相比之下，他设计的高山流水琴桌的

起伏形式更加令人叹为观止，这一设计的灵感来源于一种非常特殊的桌子，后者一般用来摆放中国古代的瑶琴；而其精致的轮廓则受到汉代服饰上盛行的流线图案的启发。吕永中的许多设计通过改造与明代相关的家具形式来寻求"和平与宁静"——后者代表了中国复古家具设计和制造的顶峰。正如他所指出的："从古代到现代的中国，我认为有必要将我们曾经拥有的历史、传统的氛围，以及我们曾经引以为傲的人和工艺联系起来。"可以说，以半木为代表的新中式风格，实际上也是一次设计复兴运动。

→↑
高山流水 琴桌
吕永中设计，半木，2012 年
桌上的笛香插香座是吕永中于2000 年设计的第一件作品。

↘
八方 圈椅，玫瑰酸枝 鼓腿带托泥 罗汉榻，徽州 屏
北京半木美术馆，开放于 2014 年

↑ & ↙
苏州椅
吕永中设计，半木，2011 年

作为综合生活方式的设计

在中国，室内设计师与建筑师一样受到高度关注，而成功的设计师往往会成为名人。吕永中是中国受尊敬的室内设计师，他曾在上海著名的同济大学学习建筑，然后在那里作为讲师工作了 20 年。在此期间，他还是一位杰出的室内设计师，他的各种基于中国古代风水文化的室内设计赢得了无数奖项。2006 年，吕永中成立了自己的公司"半木"，后者如今已成为中国知名的家具生活品牌。像许多在那里工作的设计师一样，吕永中主要在完全整合的室内环境里完成他的设计，因为在中国，许多人——无论是为客户选购的专业人员还是为自己的房屋寻求设计方案的私人顾客——都倾向于直接购买完整的、和样板间一样的内饰。吕永中作品的成功在于，他借鉴了中国传统手工艺，但同时又以非常现代的、契合于现代生活的方式呈现出来。

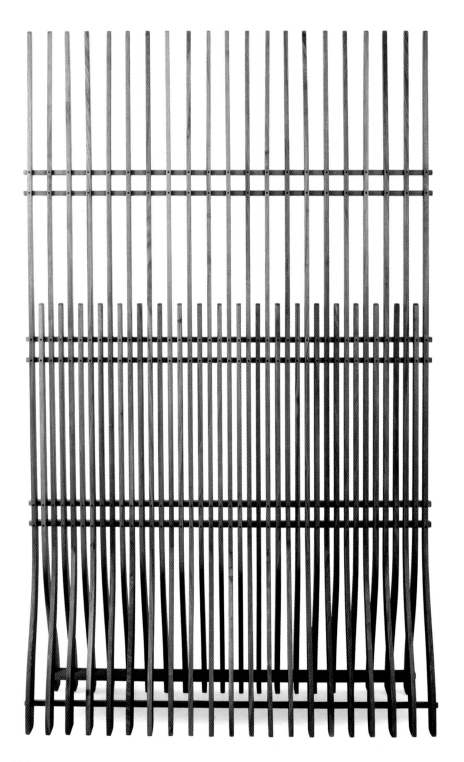

↗

水平线　桌、凳和边柜，苏州椅
吕永中设计，半木，2011 年

→

徽州　圈椅和书画桌
吕永中设计，半木，2012 年

← & →

清风　屏
吕永中设计，半木，2005 年

在盒子里面思考

⌐
"THE CRATE" 单人沙发椅
李萧含设计制作，2014 年

"THE CRATE" 茶几
李萧含设计制作，2014 年

↑ & ↗
"THE CRATE" 抽屉柜
李萧含设计制作，2014 年

中国建筑师、设计师李萧含曾在伦敦巴特莱特建筑学院（Bartlett School of Architecture）学习，之后于 2002 年开始担任金华建筑艺术公园项目的项目协调员，这一项目由中国艺术家艾未未策划。她随后和别人共同创立了 BAO Atelier 工作室，并开始从事各种室内、展览和平面设计项目。2010 年，她在米兰国际家具展展出了她的第一个家具设计，当她在返回北京的运输箱中打开这些作品时，她获得了"CRATE"（箱）系列的灵感。这一系列于 2011 年在北京设计周首次亮相，包括各种移动木制储物盒，当打开时，可以改造成折叠沙发和床，以及梳妆台、厨房、衣柜，甚至台球桌。受到北京迅速变化的城市景观的启发，这个系列全部与"在盒子里进行设计思考"有关。随后，它成为伦敦设计博物馆举办的 2012 年度设计奖的候选者。两年后，Gallery All 画廊委托李萧含设计这些黑色胡桃木和不锈钢版本的箱子，它们的外观比她早期的作品要精致得多，但同样精彩纷呈。

"THE CRATE" 衣柜
李鼐含设计制作，2014 年

空间衣橱 + 纪念碑

在很多方面，李鼷含的"The CRATE"系列可以被视为一种生活方式，而不只是一系列家具。这些巧妙的变形设计最初受到集装箱的启发，完全适应当代生活的流动性，反映了过去 20 多年来中国各城市所经历的大规模的人口流动趋势。居住在一个快速流动的世界中的概念让李鼷含着迷，她的"The CRATE"设计系列反映了这个想法。正如她所说："我所有的创作都旨在改善我现在的生活。要做到这一点，你需要了解生活是什么。这是一个过程。"她同时期的作品"我是一个纪念碑"系列采用缩小的著名标志性建筑外观，并将它们变成可用的家具。这些作品背后的想法受到了传说的启发，即汉代皇帝用盆景再现了中国的整个陆地疆域。与"The CRATE"系列一样，这些建筑风格的家具装饰品具有中国百宝箱的质感，这一点着实令人惊喜和欣慰。

"我是一个纪念碑" CCTV 大楼衣柜
李鼷含设计制作，2014 年

李鼐含 + 吴孝儒

有趣的桌面设计

来自台北的设计师吴孝儒因其在 2008 年学生时代设计的塑料传统椅子而闻名，后者成为 21 世纪最初十年里最著名的中式家具设计之一。同样发人深省和富有创造力的是他在十年之后设计的编石桌，这一设计巧妙地使用了大理石加工留下的切口。吴孝儒发掘出这些"无用的"石头，并用水刀将它们切割成精确计算的形状，然后将其组装成台湾地区特有的传统竹编图案——他用这些来制作桌面。通过这种方式，吴孝儒不仅可以将不需要的废物转化为具有美学和实用价值的物品，而且还能够"传达当地独特的大理石文化"。李鼐含的蝴蝶妈妈折叠桌由两种不同的材料制成——红木和亚克力，明显地参考了当地的本土文化，桌上镶嵌的美丽而复杂的图案由一位贵阳的民间剪纸艺术家设计。这个引人注目的装饰图案参考了著名的蝴蝶妈妈的民间故事，这是源于中国南方贵州地区苗族的古老创世神话。

蝴蝶妈妈折叠桌
李鼐含设计制作，2014 年

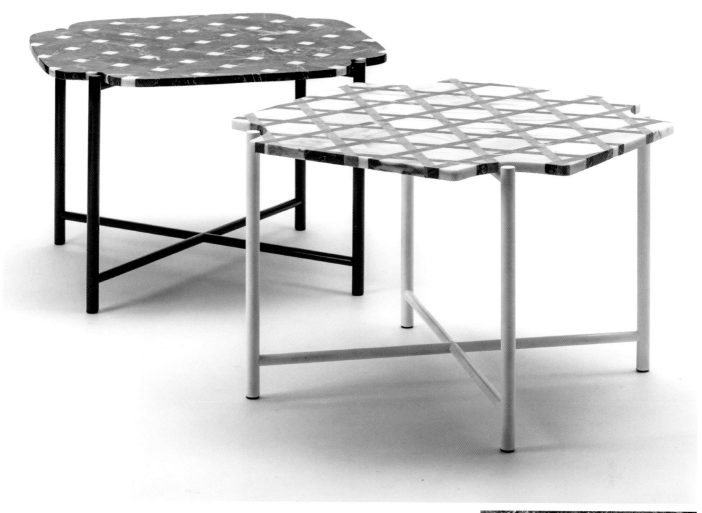

↑
编石桌
吴孝儒设计，Studio Shikai，2017 年

→

编石桌（局部）

马聪

刺绣风景画

马聪是"百工造物"品牌的创始人兼创意总监，百工造物是一个文化遗产和手工艺平台，旨在鼓励当代中国手工艺设计的创新。但更重要的是，他本身也是一位技术精湛的手工艺设计师，多次获得中国工艺美术大师作品"百花杯"金奖，该奖项仅授予中国最有成就的艺术大师。他成就斐然，所以也成为第一位被邀请在米兰三年展举办个展的中国设计师。事实上，他也是中国著名的刺绣大师，擅长用双面刺绣技术（明清时期盛行）和现代抽象图案创作出令人惊叹的画面。他精致的刺绣丝网屏风的框架由缅甸红木制成，使用传统的榫眼和榫头来拼接。他创作的"云兮水兮"屏风上有着精致的双面刺绣图案，其灵感来自中国水墨画中的云彩和河流。"流金"屏风上的图案同样是水和云的抽象、风格化的表现，但它也旨在揭示耀眼的光明中的诗意美和振奋感。

→
流金　双面绣落地屏风
马聪设计制作，2015 年

←
云兮水兮　双面绣落地屏风（局部）
展示出了细致的针脚。

→
云兮水兮　双面绣落地屏风
马聪设计制作，2016 年

马岩松 / MAD 建筑事务所

星际设计愿景

马岩松在国际上有着极高的知名度，因为他是当代伟大的先锋创意设计师，他不仅位列当今最有影响力的中国建筑师，也是一位才华横溢的天才设计师。他出生于北京，最初在北京建筑工程学院（现北京建筑大学）学习，之后在美国耶鲁大学获得建筑学硕士学位，并于 2004 年成立 MAD 建筑事务所。此后，该公司以其令人叹为观止的前卫的建筑设计和城市规划而闻名，其设计一直都在寻求人类、城市和环境之间的平衡。2012 年，马岩松在他的"山水城市"概念方案中充分展示了他的远见卓识，这是一个为贵阳提出的超现代的山水城市发展规划。这个项目帮助他巩固了在国外的声誉，两年后，MAD 成为第一个赢得海外标志性文化项目设计竞赛的中国建筑团队，该项目就是芝加哥卢卡斯叙事艺术博物馆（Lucas Museum of Narrative Art）。从那时起，就像其他使用数字参数化工具来进行建筑设计的建筑师一样，马岩松将工作领域扩展到了限量版家具上面。2015 年，Gallery ALL 画廊的联合创始人兼董事王愚委托他创作了一系列以"MAD 在火星"为主题的设计艺术作品——换句话说，即表现"中国星际旅行者的家具外观应是怎样"的作品。由此产生的超凡脱俗的"混合"设计结合了先进的机器人制造技术和手工技艺，旨在反映火星景观对这些想象中的太空先驱的灵感启发，以及他们对家乡地球的不可避免的怀旧情绪。

MAD 在火星　餐桌
马岩松设计，Gallery ALL，2017 年

MAD 在火星　不锈钢躺椅
马岩松设计，Gallery ALL，2017 年

MAD 在火星　吊灯
马岩松设计，Gallery ALL，2017 年

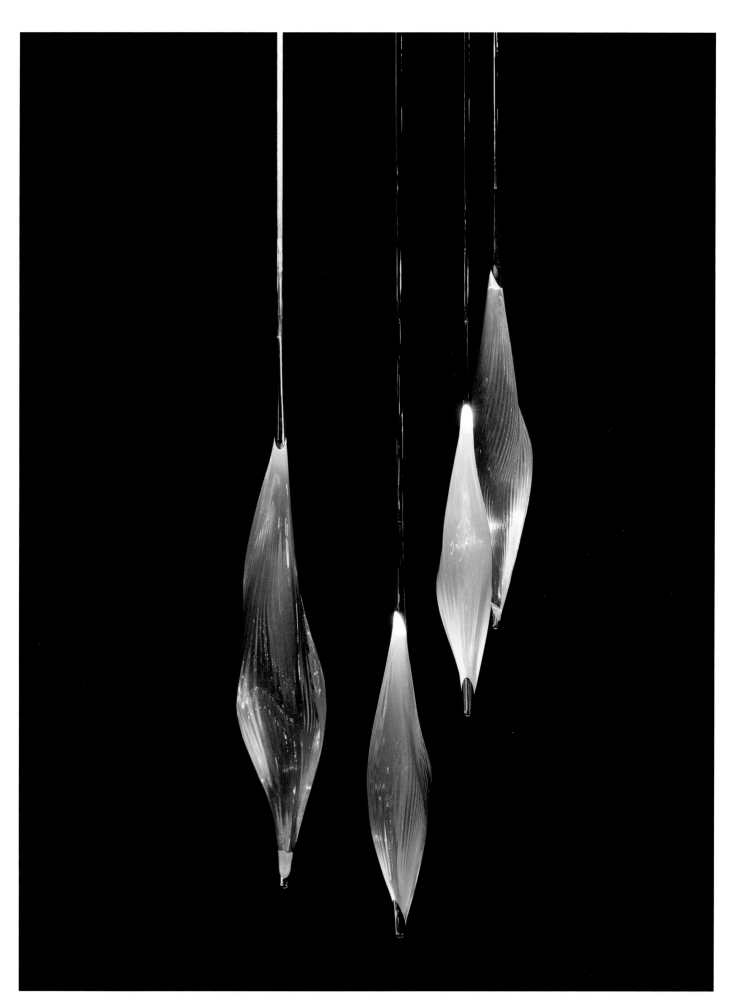

骨相结构

使用最先进的 3D 建模软件，马岩松证明了自己是一个有天赋的造型者。他的"MAD 在火星"系列桌案具有科幻色彩，是限量款设计，有力地展示了将冰冷的不锈钢转变成造型充满生机的家具的非凡能力。正如 Gallery ALL 的创始人王愚在提到这种"行星际"设计时所说："有时候我认为马岩松可以和外星人说话。他的建筑作品在某种程度上令人叹为观止，使观众感到进入了另一个世界。"的确，这个闪闪发光的金色桌案具有超凡脱俗的外观，同时，由于其令人回味的"自然"形式，它还体现了引人入胜的有机主义。作为建筑师的首个家具系列的一部分，它于 2017 年在迈阿密 / 巴塞尔设计展（Design Miami/Basel）上大获好评。第二年，马岩松设计了骨椅，这是对中国传统木椅的全新的现代化诠释。它骨骼般的结构回味无穷地呼应着人类骨骼的起伏形式。正如 MAD 指出的那样："设计的关节创建了蜿蜒形式的网络——类似结缔性纤维组织的网络。因此，椅子的每个表面相互融合，形成优雅的接缝，这些接缝从自然的事物转变为更具未来感的事物，使其看起来——相比椅子——更像是一种正在生长的生物。"

←

骨椅

马岩松团队设计制作，2018 年

→

MAD 在火星　餐桌

马岩松设计，Gallery ALL，2017 年

如恩设计

工艺灵感的设计

如恩设计研究室由建筑师郭锡恩先生和胡如珊女士于 2004 年创立。此后，这一合作伙伴关系已成为中国最具创新性的跨学科建筑和设计实践之一。在产品设计的产出方面，这对合作伙伴更倾向于关注家具和照明设备。例如，他们为"Stellar Works"设计了许多极具创造性的作品，最著名的是明椅，这一设计有着独特的拱形轮廓。他们为 Stellar Works 工作室设计的 Dowry 展示柜 III 以及为 De La Espada 工作室设计的 Commune 咖啡桌同样探索了中国传统形式和造型的潜力，发掘出天然材料的自然美感和高品质工艺的内在价值。他们的单人座椅略有不同，其座椅形状最初的设计灵感来自伊姆斯（Eames）塑料椅，但它仍然展现出非常优雅的东方美感。

↑
明椅
如恩设计研究室设计，Stellar Works，2016 年

←
Dowry 展示柜 III
如恩设计研究室设计，Stellar Works，2016 年

→
<u>Solo 餐椅</u>
如恩设计研究室与 De La Espada
合作设计，2008 年

↓
<u>Commune 咖啡桌</u>
如恩设计研究室与 De La Espada
合作设计，2016 年

新解读

如恩设计研究室的合作项目遍及世界各地，从建筑、室内设计，到产品设计和平面视觉传达设计。多年来，它还设计了各种引人注目的展览装置。其创始人郭锡恩和胡如珊将设计视为探索性调查的有力渠道，因此他们的家具设计在材料和结构以及形式和功能方面往往都非常具有创新性。例如他们的 LAN 系列，通过打破各组成部分，重新构想了传统的起居室，以座椅单元和匹配的地毯来提供一个综合的空间组合，设计师还参考了传统织机和纺织包的形式。这是对其制造商在纺织品生产方面的名声的一种认可。相比之下，他们的珍奇柜受到陶瓷工坊中使用的手推车的启发，因此他们提出了设计的纯粹性 —— 形式要服从于功能。这对二人组设计的衣架的圆角矩形框架由钢管制成，装饰有简单的皮带，置于混凝土底座上，它也体现了类似的极简美学，旨在寻求实用主义与居家生活之间的完美平衡。

↓
LAN 系列
如恩设计研究室设计，GAN，2018 年

← 珍奇柜
如恩设计研究室设计，Stellar Works，2015 年

↓ 衣架
如恩设计研究室设计，Offecct，2016 年

新中式

顾家集团是中国当代家居业巨头之一。该集团下设各种生活家居品牌，生产并销售各种风格的家具，其中就包括"东方荟"。这个创业品牌很有意思，因为它完全接受了新中式设计的精神内核，许多产品在传统与现代之间取得了很好的平衡。该公司生产的美丽的壁画屏风、"虚空"座椅和三号坐凳，虽然明显参考了传统家具的造型，但也具有适合现代生活的实用性。与众多当代中国家具设计一样，他们的产品中使用的材料——无论是大理石、红木、丝绸还是皮革——都展现出了最佳的状态。人们对"奢侈品"的热爱一直持续到今天，但是人们也越来越看重家具的设计，就像重视家具的材料一样。这是一个有趣的发展趋势，并且必将进一步扩展，因为新一代的中国年轻设计师有力地展示了——良好的设计本身就是一种非常有价值的商品。事实上，良好设计的本质就在于提供解决问题的整体方案，包括周到的材料选择和道德层面的生产价值，以及永恒的美学价值和持久的功能性。

↑
三号坐凳
陈若愚设计，东方荟，2014 年

↖
一号坐凳
陈若愚设计，东方荟，2014 年

←
虚空座椅
陈若愚和王世超设计，东方荟，2016 年

→
云崖茶几
陈若愚设计，东方荟，2014 年

↓
照壁屏风
陈若愚和陈达设计，东方荟，2016 年

众产品 + 宋文中

←
AVA 椅子
宋文中设计，罗奇堡设计奖，2009 年

→
滑几
众产品设计工作室设计制作，2014 年

新中式设计的视野

众产品的设计团队以其创新的家具设计而闻名，主要致力于办公环境设计。它甚至创建了一个模块化办公室桌面系统，该系统的形式受到了俄罗斯方块的启发。这支才华横溢的团队还设计了这里展示的令人惊叹的"滑几"，它由不锈钢和镀锌钢制成，也是为办公室设计的。这个不寻常的茶几具有强烈的雕塑感，让人想起美国艺术家卡尔·安德烈（Carl Andre）在 20 世纪 70 年代创作的极简主义雕塑。它由八个三角形金属部分组成——五个镀锌钢的部分用于静态底座，三个缎面抛光不锈钢的部分用于桌面。此外，后者能够滑动，可以提供互动和多功能的有趣元素。茶几和围绕它的茶饮仪式在中国商界非常重要，后者是在潜在合作者之间建立信任的一种手段。相较于众产品的桌子那种沉重的视觉质量，宋文中设计的"AVA"椅子就具有一种空灵的视觉轻盈感。这款卓越的聚碳酸酯椅子是在 2009 年为罗奇堡（Roche BoBois）设计奖设计的，并最终赢得了这个奖项。当时比赛的主题是"自然、西方与东方的普世性联系"。这款椅子所使用的先进的气体注射成型工艺比传统的塑料成型技术更加环保，因为它耗费的能源和原材料更少。此外，由于完全由聚碳酸酯制成，AVA 椅子是可回收的。它的流动形式的设计灵感来自中国神话中龙的形象，以及曲线优雅的明式家具。

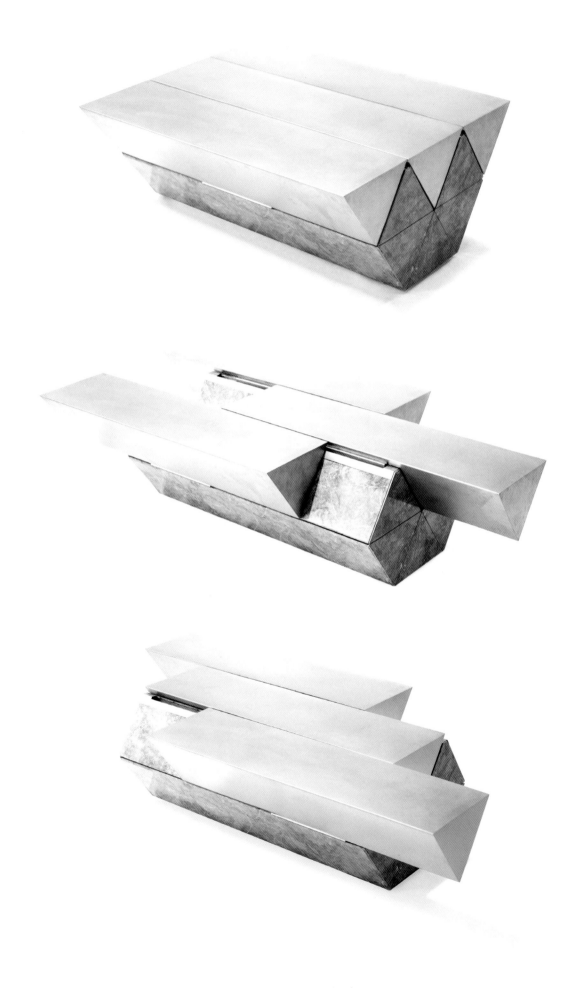

众产品

智慧的线条设计方案

何哲、沈海恩和臧峰于 2010 年在北京成立了众产品设计工作室，同年他们又建立了姊妹建筑工作室 ——众建筑。在此期间，众产品因设计办公室应用的创新家具方案而享誉国际。众产品设计的"网椅"采用条纹状的材料构造，是工作室深思熟虑的设计方法的完美典范。这一座椅设计最终表现为一场删繁就简的运动 ——它的框架仅由一根弯曲的金属杆构成。构成椅面和椅背部分的较薄规格的倾斜钢丝之间具有较大的间隙，却不需要材料填充。较早的网状户外系列包括双人沙发、扶手椅和咖啡桌，同样使用线材来实现设计的高效性并达到特别的光学效果。沙发和椅子的严格对称的底座上升为曲线交叉的钢丝网格，并且采用树脂涂层，遵循人体轮廓，以最简洁的方式提供尽可能舒适的生活。

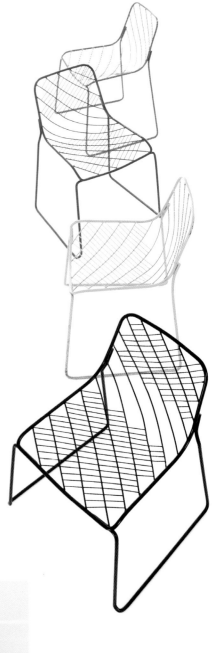

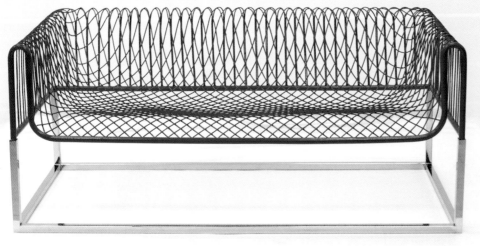

↑
网椅
众产品设计工作室设计，2017 年

↖
网沙发
众产品设计工作室设计，2013 年

←
网沙发
众产品设计工作室设计，2013 年

网沙发（局部）

众产品设计工作室设计，2013 年

融合过去与当下

2008 年，这位台北的设计师吴孝儒还是一名大学生，但已经设计出了他的经典塑料椅子。在钻研毕业设计项目时，他觉得过去的明式家具与当代日常生活中的设计之间存在着文化脱节。他在台北街头寻找灵感，注意到一种简单、不知名的塑料凳子极为流行。他解释说："在台湾，塑料凳很受欢迎，它们遍布大街小巷，用于大排档、传统户外宴会或婚礼等。这个岛曾经是一个塑料生产王国，所以塑料椅子和凳子已经在我们的日常生活中存在了很长时间，但有趣的是，没有人知道这个著名的塑料凳子的设计师。"由于其简单的形式，它很容易以非常低的成本大规模生产，这无疑有助于它的普及。然而，正如吴孝儒所观察到的那样，尽管它在当地的岛屿文化中无处不在，但没有人真正注意到它。因此，他制作了一个木制椅子，其底座的灵感来自塑料凳这个流行的现代符号，而扶手和靠背则是经典的明式造型。这个有趣的混合设计是新中式设计的早期例子，且颇具影响力，已成为公认的当代经典。后来，他还打造了一个漆艺版本。

←

圈凳
吴孝儒设计，汉艺廊，2008 年

→
圈凳和批量生产的不知名的塑料凳放在一起，后者启发了前者的设计。

↑ & ←
飘 宣纸椅
品物流形工作室设计制作，2010 年

材料的实验

品物流形设计工作室位于杭州，由三位年轻设计师创立，他们的背景迥然不同，但他们有着共同的目标，那就是将中国古代工艺传统的复兴融入创新的现代设计中。这个才华横溢的三人组由中国产品设计师张雷发起，此外还有德国家具和汽车设计师克里斯多夫·约翰（Christoph John），以及塞尔维亚家具和室内设计师乔万娜·博格达诺维科（Jovana Bogdanovic）。他们最著名的家具设计是"冰"书架，它采用杉木制成，灵感来自中国传统木窗棂格上使用的冰裂纹。因为可以用专门设计的金属连接器来添加额外的部分，书架具备无限延伸的可能性。相比之下，"飘"宣纸椅的灵感来自一直以来在杭州古城制造的纸伞。这一设计以山毛榉木为框架，椅面部分是通过将薄薄的皮纸粘在一起制成的，其制作方法与纸伞完全相同。通过采用这种层压方法，以及之后将其模塑成所需的形式，由于天然纤维的伸缩性，交织在一起的纸张最终变得坚固稳定，同时又可以保持固有的柔韧性。"润"陶瓷桌的灵感则来源于另一种主要的中国工艺：瓷器制造。正如其设计师解释的那样："瓷器的耐用性和坚固性使其成为理想的桌面材料。"品物流形工作室设计的瓷桌有各种引人入胜的颜色和尺寸，并配有简单的山毛榉木腿，具有可爱的复古式美感，在任何室内环境都可以提供一种切实的温馨和宾至如归的感觉。

↑
润 陶瓷桌
品物流形工作室设计制作，2012 年

→
冰 书架
品物流形工作室设计制作，2014 年

邱思敏 / QIU

庆祝不完美

可预测的完美可能非常无聊，特别是在工业制造的产品中，因此一些中国设计师开始了一项充满乐趣且令人耳目一新的工作，那就是发现不完美。其中一位是邱思敏，他曾在伦敦皇家艺术学院学习产品设计。在那里，他设计了一种创新的环保型水龙头，使水在旋涡中流动，从而减少了15％的用水量。回到中国后，他一直在思考家具生产的可持续性，尤其是红木家具的生产。正如他所指出的那样："珍贵的木材和精致的雕刻一直是红木家具行业引以为傲的品质。但是，复制明清两代的风格或'新中式设计'风格真的能将这个行业带入可持续发展的范围吗？"考虑到这一点，邱思敏已经在寻求一种更可持续的方法来处理红木家具。对于红木原木来说，一般只有触感紧致的核心部分用于家具生产；外层则会由于不完美的品质——例如凹陷、虫眼、表面刮擦和颜色不均——而被丢弃。然而，对于邱思敏而言，这种被丢弃的木材仍然"充满诗意和美感，是大自然独特的创造"。事实上，他的"Imperfection"系列家具一反常态地利用起了废弃木材中出现的各种颜色不均和不规则形状，在中国红木家具行业，这些木材一直以来都被视为几乎毫无价值的副产品。

Imperfection 长凳
邱思敏设计，QIU，2018 年

↓ & →
Imperfection 坐凳
邱思敏设计，QIU，2018 年

↓↓
Imperfection 衣架
邱思敏设计，QIU，2018 年

奢华的材质

「上下」可以被看作中国的爱马仕，蒋琼耳领导的这个非凡的设计工艺创业品牌也确实得到了法国标志性奢侈品牌的支持。事实上，它在上海的旗舰店与爱马仕的旗舰店是邻居。可以说这是一次完美的中法之间的合作，因为两家公司通过积极支持和推广最高级的工艺和高水平的专业设计，共同致力于保护传统和鼓励创新。两者团结一致，强调使用奢华材料和精致的细节设计。在家具产品方面，「上下」有两个系列：一个是独家限量版，另一个系列则更平价，但仍然定位高端市场。这里呈现的三个设计来自后一个系列，展示了「上下」设计风格那精致的"奢华的简约"，它以有趣和创新的方式使用不同的奢华材料。例如，"大天地"系列中，碳纤维椅采用高科技材料，并运用了历史悠久的中国传统漆艺；优雅的核桃木摇椅则拥有柔软的吊带座，以编织精美的皮革制成。相比之下，"福器"系列木小凳是由紫檀制成的，这是一种具有深紫红色调的硬木，几个世纪以来一直用于中国家具生产，凳子本身还融合了对中国传统图案——比如象征好运的葫芦——的现代抽象诠释。

"大天地"系列　碳纤维椅子
「上下」设计，2014 年

←
"大天地"系列　黑核桃木摇椅
「上下」设计，2010 年

↓
"福器"系列　卢氏黑黄檀拼破布木小凳
「上下」设计，2017 年

设计工艺探索

「上下」品牌创始人蒋琼耳解释说，「上下」是"东方优雅与法式精致的交流和融合"，旨在促进"精致而简洁的优雅生活方式"。通过近乎艺术的处理方法来平衡功能性和审美性，蒋琼耳和她的设计师团队制作了一些家具作品，这些作品不仅在设计方面——融入了古老的中国形式——很有趣，而且是精湛的艺术典范。例如，采用以精心拼接的竹条构成的、遮光用的

"编织"面板的"清影"系列折叠屏风，以及由紫檀制成的"大天地"茶几。几个世纪以来，紫檀一直被用来制作中国家具，这些家具运用无缝细木工艺制成。这一设计是对传统文化的致敬，连凳子也具有古老的中国象征意义——圆形与方形象征着天圆地方。椅子同样装饰有传统图案和书法，所有这些都精美地雕刻在致密的木材上，具有极致的细腻美。

↓
"大天地"茶桌套装
「上下」设计，2012 年

→
"清影"系列　黑核桃木结构竹丝镶嵌屏风
「上下」设计，2016 年

触摸木材

在过去的十年中，蒋琼耳一直在进行非凡的设计和工艺探索，从而创造了一些非凡的家具产品，标志着当代亚洲设计的创意巅峰。这些最高级的设计将传统与创新相结合，同时反映出蒋琼耳所描述的高度发达的审美情感："纯粹而精致，兼具功能性和情感化、东方韵味和国际化，诗意又实用。"「上下」的两个家具系列有很大的不同，其中一个是限量版的实验性设计，相当于"高级定制时装"，另一个则更平价更实用，但仍然设计精美、精雕细琢，类似于一种非常高端的"成衣"系列。这里展示的设计来自后一系列，其特点是对传统明式家具的巧妙创新，对谐调比例和精致细节的高度关注。这些作品均由「上下」品牌才华横溢的内部设计团队设计，反映了精细的手工精神，展示了高水平的传统细木工技术，并且将这些以创新和不寻常的方式体现出来。最重要的是，这个家具系列——包括一个圆形核桃木桌子、一个皮革帆布面板的屏风，以及一个比例精美的罗汉床/沙发——体现了「上下」品牌"精致平凡"的指导原则。

"大天地"系列　黑核桃木高版博古架
「上下」设计，2012 年

→
"千秋"系列　黑核桃木嵌大理石八足转盘圆桌
「上下」设计，2016 年

↓
"大天地"系列　黑核桃木罗汉床
「上下」设计，2012 年

高科技 + 老传统

2009 年，设计师蒋琼耳与爱马仕集团共同成立了独家生活品牌「上下」。该品牌专注于创造美丽而实用的东西，包括家具、配饰、家居用品和时尚用品，通过令人耳目一新的当代设计新语言表达、保留和重振中国传统工艺。迄今为止，「上下」团队最令人印象深刻的杰作之一就是由甘而可设计的一系列家具。它们采用高科技、轻质且坚固的碳纤维复合材料制成，经过精

心打磨的漆层呈现出独特的结节状图案。这种古老的漆层，因其独特的图案而被称为菠萝漆（又称犀皮漆），甘而可从旧物中重新发现这一工艺，并花了很多年进行完善。这里展示的"大天地"桌子和配套椅子，有着闪闪发光的棕色和金色漆面，是当代设计工艺的杰作，还代表了通过将传统手工艺与最先进的现代材料相结合而实现的明式家具形式的创新和优雅演变。

←
"大天地" 系列　碳纤维椅
甘而可设计，「上下」，2017 年

↓
"大天地" 系列　碳纤维桌
甘而可设计，「上下」，2017 年

→
碳纤维桌闪光的细节

"乾坤" 系列　碳纤维椅
「上下」设计，2020 年

↑
"大天地"系列　茶炉边柜
「上下」设计，2020 年

↓
"长馨"系列　拼木配不锈钢支架茶几
「上下」设计，2020 年

拟人化

　　「上下」是致力传承东方雅致生活的高尚生活方式品牌，通过创新与设计，把中国传统的手工艺和现代人的生活连接起来。他们的理念是，包围着人们的事物和环境的设计质量最终与人们的生活质量息息相关。考虑到现代生活的紧张节奏，人们对身心健康的兴趣自然日益增长，在中国，这导致了茶文化的大规模复兴。对于「上下」来说，茶文化的传承除了形而上的美学意蕴之外，还有对传统工艺的执着追求以及精益求精的工匠精神，器具审美取向亦是对中国传统审美的进一步追随、坚持和致敬。为此，「上下」创作的许多作品都与茶文化有关——比如"长馨"系列茶几，其精致的几面类似托盘，由不同颜色的木材制成。此外还有"大天地"系列的茶柜，它有效地整合了用于烧水的加热元件。家具设计中的情感联系同样至关重要——尤其对我们使用家具的体验感来说。可以采用古老的形式并对其进行更新，以此实现这种联系，例如「上下」的"乾坤"系列扶手椅，尽管在形制上借鉴了传统的明式椅子，它采用的却是上了漆的碳纤维材料。

解构明式家具

邵帆被认为是新中式设计运动的重要奠基人之一，因为他从 20 世纪 90 年代中期就开始着手设计一系列具有划时代意义的椅子，成为这场仍在崛起的运动的强大而且极具创造性的催化剂。邵先生出生于北京著名的艺术家家庭，父母教授他绘画。邵先生曾在北京工艺美术学校（现为北京工业大学）学习，早年间就展现出了惊人的天赋。在那里，他接受了传统教育，包括学习各种手工艺技能。这种实践性培训使他在以后制作艺术家具作品时得心应手，毫无疑问也激发了他对高品质工艺的不懈追求。1984 年毕业后，他开始探索三维艺术，同时也致力于收集古董家具、木雕和瓷器，从而继续加深他对中国文化的了解。1989 年，他开始担任专业艺术家，并挑战自己，创造了一系列艺术家具作品，这些作品将成为中国文化转型的象征。他设计的椅子系列基本上模仿了中国的古典椅子，其现代抽象形式让人联想到中国的汉字，在材料上则选用了中密度纤维板。这些卓越的椅子跨越了艺术与设计之间的断层线，并且在中国设计中像雕塑一般预示着一种新的后现代精神。正如邵先生所回忆的那样："这是我职业生涯中非常奇怪的时刻，因为在中国之前没有人做过这样的事情，人们最初的反应是'哇'，这样惊讶的情绪既无褒奖也不带贬义。但在接下来的十年里，这一系列作品激发了其他人的兴趣，并最终开辟了对中国设计及其根源的思考。"这个系列的成功也催生了邵先生在 2004 年设计的"作品 1 号"，这一设计发人深省，有着强烈的视觉震撼感，设计师极具创造性地解构了一把古老的明式椅子，以揭示其内在的构造秘密。

↖
1995 作品 1 号
邵帆设计制作，1995 年

↓
1995 作品 24 号
邵帆设计制作，1995 年

←
2004 作品 1 号
邵帆设计制作，2004 年

邵帆（昱寒）

设计还是艺术？

著名的中国艺术家邵帆的外祖母来自清末官宦之家，他父亲也出身名门。这意味着，对于他那个时代的孩子来说，他的成长环境非常优渥，他家中有明式家具和瓷器，从小就能接触到稀世古董。作为一个在 20 世纪 70 年代长大的孩子，他发现当时中国劣质的服装、陶器和建筑设计与他参观故宫时看到的精美的古代设计格格不入。在他十岁时，他就敏锐地意识到了这种二元对立，对他来说，似乎"新时代的设计是令人生畏的、劣质的，传统的设计是优雅而高质量的"。因此他开始收集古董家具，并在他的画作中表现家具和建筑，因为他想传达一种物件与人的互动感。1995 年制作出他的第一件艺术家具作品时，他并不在乎它们是否被看作艺术或设计。

对他来说，解构的行为是关键，因为正如他解释的那样："当你解构一件明式家具时，你会看到里面的秘密。大多数人只体验明式家具的外部，但通过解构它，你会体验到别的东西。当我第一次打开它时，突然间它变成了我的老师。每一个榫眼，都让我对设计更感兴趣。"虽然 1995 年设计椅子系列时，设计并不是邵帆的主要关注点，但在 21 世纪初期，他的工作开始倾向于实用设计艺术。然而，他最近的家具作品与雕塑的关系再度紧密起来，并且从构造、外形和心理的角度对明代美学进行了精湛的探索。正如邵帆解释的那样："我所有的工作都是包含创意的，我的艺术创作影响了我的设计作品，我的设计作品也反过来为我的艺术创作提供了灵感。"

→
老树椅
邵帆设计制作，2018 年

↑
玫瑰条案
邵帆设计制作，2018 年
家具上面的"刺"令人想起制造家具的红木（rosewood）。

↗
圈 & 椅 - 椅
邵帆设计制作，2013 年

→
绣墩
邵帆设计制作，2004 年

金属明式家具

到了 21 世纪初期，著名的中国艺术家邵帆已经凭借"椅子"艺术家具系列在国际舞台取得了成功，他于是将注意力转向功能性更强的家具。2000 年，他设计了通体不锈钢材质的圆形扶手椅，这一作品就体现了这个新的设计方向。这个作品作为限量版推出了 70 件，每件都签名并注明日期。此时，著名画廊主林明珠代理了邵帆的作品，林明珠将邵帆设计的一系列椅子中的若干件捐赠给伦敦维多利亚与阿尔伯特博物馆和纽约大都会博物馆，从而引起了国际社会对他的设计作品的关注。纽约大都会博物馆获赠了邵帆设计的一对时髦的金属扶手椅，它以一种非常简化的方式再现了传统的明代形式。与博物馆所承载的深刻的文化底蕴相契合，这些设计不仅阐明了跨越时间和文化界限的审美联系，而且还展示了中国的传统如何适应迅速变化的国际形势和日益全球化的现状，并且与之共存。温浩后来设计的"夫子椅"同样将明式家具诠释成了引人注目的全金属结构的形式。一种名为"官帽椅"的传统中式扶手椅直接启发了这款优雅的高背摇椅，但后者不是用木头制作的，温浩选择了现代化的黄铜管作为纤细的框架。他还使用精确成型的黄铜板来打造微微弯曲的椅面和背部，以提供一定程度的舒适性，而不需要坐垫。该设计旨在用于书房，倡导了所谓的文人审美，而其开放形态应该"象征着廉洁学者和官员的精神，他们两袖清风"。温浩的粤竹墩同样将古代鼓凳的传统形态用在一个完全现代的金属造型上，从而诠释了新明式风格。

↑
"夫子椅"的水墨素描
温浩创作，2011 年

←
粤竹墩
温浩设计，先生活 HAOstyle，
2013 年

↓
夫子椅
温浩设计，先生活 HAOstyle，
2011 年

←
不锈钢圈椅
邵帆设计制作，2000 年

沈宝宏 / U⁺

极简主义是黑色的

　　虽然沈宝宏的大部分 U⁺ 家具设计都属于新明式风格，但他也创造了不少具有更明显的现代简约美学风格的家具，尽管其中有些仍然直接参考了传统形式。这里展示的黑檀木折叠椅是对明代流行的传统椅子形式的精致诠释，而低矮的扶手椅则在椅面上融入了经典的道教方圆图案，象征着天和地之间的和谐相连。事实上，设计师使用单调的黑檀木作为家具表面强化了作品的还原主义美学，这使得传统明代形式的那种纯粹性更为显著。相比之下，他的玄关柜和圆桌就没有直接受到明式风格的启发，但由于他选择的材料和辨识度极高的亚洲形式，这一设计仍然保留了独特的中国风格。例如，玄关柜上的铜抽屉把手就与历史悠久的中国家具中的传统形式相呼应，但在 21 世纪，沈宝宏又巧妙地创新并简化了这件作品。但最重要的是，他的作品反映了他自己谦逊低调的文人精神——就像他本人一样，静水流深。

↑
如意圆桌
沈宝宏设计，U⁺，2017 年

←
妙境玄关柜
沈宝宏设计，U⁺，2015 年

→
一把交椅
沈宝宏设计，U⁺，2012 年

↓
听园石面茶几
沈宝宏设计，U⁺，2014 年

↓↓
坐忘椅
沈宝宏设计，U⁺，2013 年

←
大承象书架
沈宝宏设计，U+，2012 年

↗↗
融椅
沈宝宏设计，U+，2012 年

↗
四季长柜
沈宝宏设计，U+，2015 年

→
承启三人榻
沈宝宏设计，U+，2017 年

简单平和的审美

可以说，家具制造的技艺就流淌在沈宝宏的血液中，因为他是当代公认的一位杰出的中国家具设计师，也是第六代橱柜制造商。自然，在他为他的公司 U⁺ 家具创造的产品中，他家族代代相传的设计和制作技巧得到了清楚的表现，处处都体现着和谐与平静这两种原则。沈宝宏谦逊地将他的成功创业归功于他的女性商业伙伴，后者负责监督公司的日常运营，从而使他能够做他最擅长的事 —— 设计家具。设计师从而创造出一系列精致的新明式设计，由于其精湛的工艺和对细节的关注，这些作品都具有极佳的触感。这里展示的所有 U⁺ 家具都反映了沈宝宏借鉴历史悠久的中国家具形式，并赋予它们清新的现代风格的能力，这些设计不仅有着完美的比例和优雅的线条，而且体现了设计师对简洁形式的细致思考和对当代生活中人们的需求的深刻理解。这是设计师对明式家具内在本质的卓越提纯，这使他的作品具有如此明确的"正确性"和审美上的平静感，从而具有如此的吸引力。

明朝的精神

在对今天的新中式设计运动的审视中，令人惊讶的是，设计师们运用了那么多种风格方法来完成对古代宋明家具的现代诠释。虽然有不少人采取了有趣的极具创新性的后现代方式，但也有人选择了工艺复兴主义路线，或更具高科技感的设计艺术表达方式。然而，显而易见的是，中国的传统家具文化对他们来说异常重要，无论他们选择如何表达，或者打算在文化传统的基础上创造多少作品。在当代中国设计界，沈宝宏是最能重振明代精神的设计师之一。他高超的家具制作技术使他能够清楚地了解明式家具的结构 DNA 或设计逻辑。这反过来又使他能够运用精简的当代美学创造自己的作品。他作品的设计元素都很简洁，实际上有助于增强人们对明式家具的精湛功能性和精致美学理念的理解。但更重要的是，沈宝宏的作品设计精美，精雕细琢，就像它们的历史先辈一样。

↑
明月柜
沈宝宏设计，U⁺，2014 年

←
宽椅
沈宝宏设计，U⁺，2008 年
此设计基于明式官帽椅的形制，后者因造型类似宋代文官佩戴的幞头而得名。

↑↑
如意圈椅
沈宝宏设计，U⁺，
2016 年

↑
承启书桌
沈宝宏设计，U⁺，
2014 年

155

木兰椅
十二时慢室内设计团队设计，2018 年

穿越时光的思考

　　"十二时慢"的字面意思就是"十二个小时的慢生活"。这个名字暗指中国古代的计时法，即把一天划分为十二个时辰，每个时辰两小时。这个有点奇怪的家具公司名称是由其创始人选择的，正如他们所解释的那样："我们的祖先相信每天的每一个小时都应该用心地、精致体面地度过。"而这正是他们试图通过他们的设计达到的目标，那就是兼具美观、高品质和功能性的家具，它们具有永恒的优雅，巧妙地结合了现代生活功能和当代美学，也发扬光大了中国伟大的文化传统和工艺遗产。这里展示的木兰椅、衣架和梳妆台都是对中国古代家具器型的现代诠释，巧妙地更新了现代生活和现代品位。例如，梳妆台的镜子能够上下翻转，以便在坐着或站立时都可以使用。

↗
美人妆台
十二时慢室内设计团队
设计，2017 年

→
衣服架子
十二时慢室内设计团队
设计，2016 年

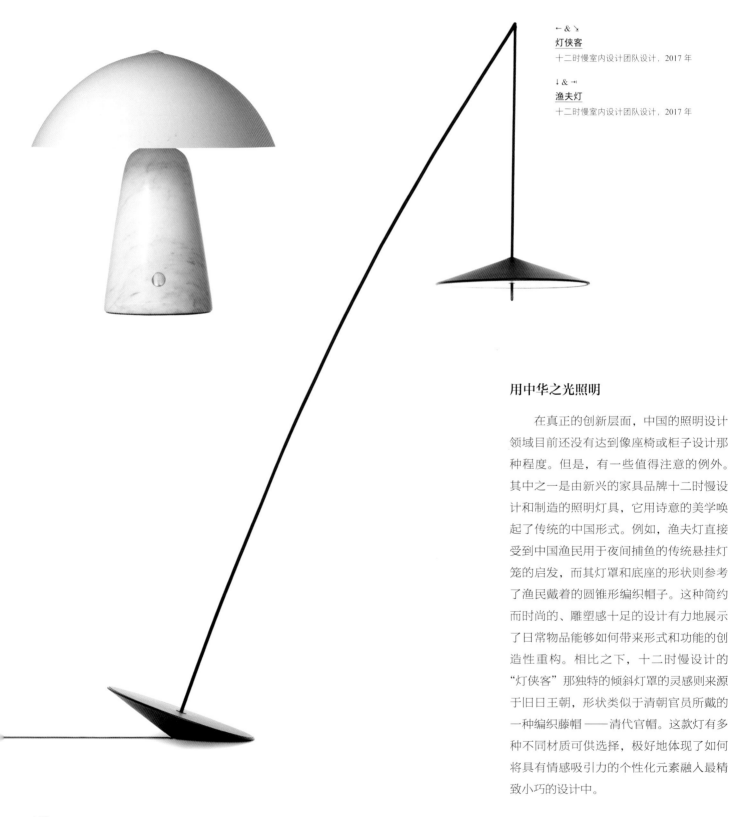

← & ↘
灯侠客
十二时慢室内设计团队设计，2017 年

↓ & →
渔夫灯
十二时慢室内设计团队设计，2017 年

用中华之光照明

在真正的创新层面，中国的照明设计领域目前还没有达到像座椅或柜子设计那种程度。但是，有一些值得注意的例外。其中之一是由新兴的家具品牌十二时慢设计和制造的照明灯具，它用诗意的美学唤起了传统的中国形式。例如，渔夫灯直接受到中国渔民用于夜间捕鱼的传统悬挂灯笼的启发，而其灯罩和底座的形状则参考了渔民戴着的圆锥形编织帽子。这种简约而时尚的、雕塑感十足的设计有力地展示了日常物品能够如何带来形式和功能的创造性重构。相比之下，十二时慢设计的"灯侠客"那独特的倾斜灯罩的灵感则来源于旧日王朝，形状类似于清朝官员所戴的一种编织藤帽——清代官帽。这款灯有多种不同材质可供选择，极好地体现了如何将具有情感吸引力的个性化元素融入最精致小巧的设计中。

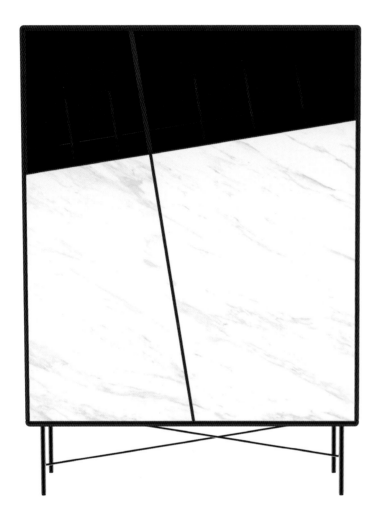

←
鱼白高柜
十二时慢室内设计团队
设计，2018 年

↓
鱼白边柜
十二时慢室内设计团队
设计，2018 年

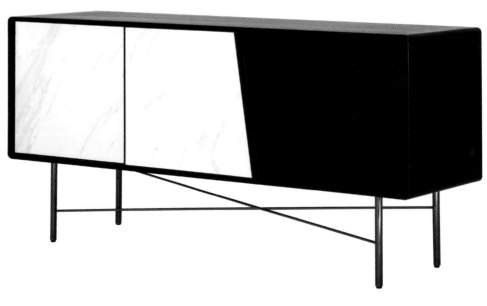

线条 + 比例

在最近的上海家具展览会上，十二时慢的展台非常引人注目，不仅因为展出的高品质家具，还因为它们的展示方式。然而，作为一家成立于 2015 年的公司，十二时慢仍然处于起步阶段。但是，他们公司的设计作品已经可以与意大利更为知名的设计品牌生产的作品相媲美。实际上，在许多方面，它们更具美学精致性和视觉趣味性。简而言之，按照任何群体的标准，十二时慢的产品都令人印象深刻。以"鱼白"系列为例，这一系列家具包括一个餐具柜、一个大柜子、一个较小的侧柜和一个低矮的电视柜，这些家具采用白色大理石台面，按照严格的标准制造，它们的门可以毫不费力地开关。品·沙发的设计也体现了公司对细节的极度关注，它实用的皮革和织物坐垫可以用拉链拼接，轻松混合搭配。然而，最重要的是，这些作品的精致线条和完美比例使它们脱颖而出，体现了新兴中国设计的精妙思想在全球范围的流行。

↓
品·沙发
十二时慢室内设计团队设计，2017 年

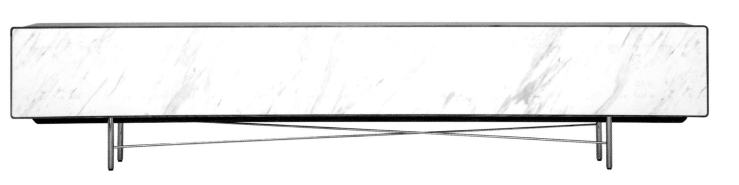

↑
鱼白电视柜
十二时慢室内设计团队设计，2018 年

石大宇 / 清庭设计中心

竹艺大师

屡获殊荣的中国设计师石大宇最初在世界著名的纽约时装技术学院（Fashion Institute of Technology）接受教育，并于1989年毕业。随后他继续住在纽约市，并且在著名的哈利·温斯顿（Harry Winston）珠宝公司担任设计师。1996年，他获得了戴比尔斯钻石国际奖（De Beers Diamond International Award），同年，他想要探索作为艺术家和设计师的全新职业生涯，于是回到中国台湾，并在台北创立了"清庭设计中心"——一个具有开创性的设计概念商店。正如他解释的那样，他的目标是"做一些发掘我们中国文化根基的事情，但这也是创新的，这也代表了现在所谓的新中式设计"。他选择的材料是竹子，他如此重视这一材料不仅因为它与中国文化之间的历史性联系，而且因为他认为竹子是"未来的材料"，是一种可再生的，因此是可持续的资源。除了这些特性，竹子还具有显著的物理优势：它既轻便又坚固，并且在加工时可以提供天然的弹性支持，这在设计座椅时尤其有用。多年来，石大宇开创了许多技术含量不高但高度创新的竹子加工方法，涉及各种层压技巧。这些技术使他能够设计出极具创新性的作品，在技术和美学上将竹制家具带到另一个层次，正如这里展示的家具作品那样。

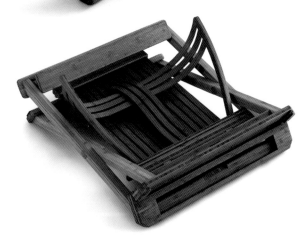

↑ & ↗
椅 满风（折叠演奏椅，下图为折叠后的状态）
石大宇设计，通派木器，2015 年

→
椅 君子
石大宇设计，清庭设计中心，2010 年

→
椅 格物
石大宇设计，清庭设计中心，2018 年

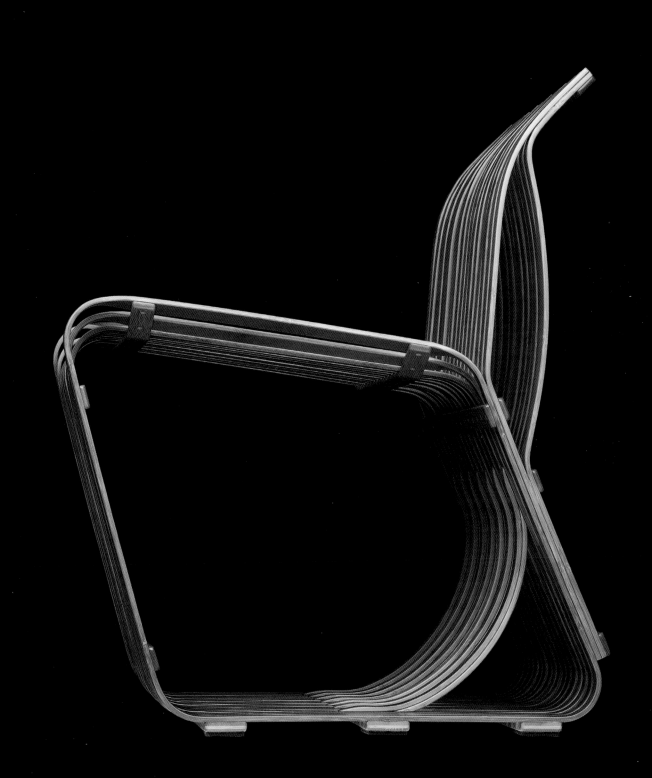

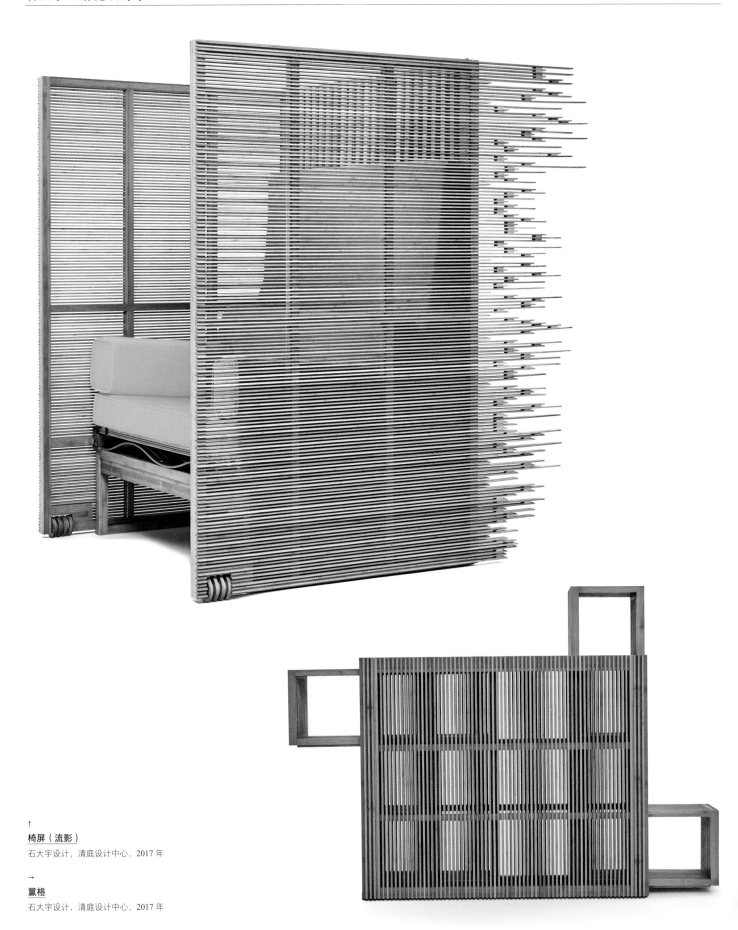

↑
椅屏（流影）
石大宇设计，清庭设计中心，2017 年

→
簾格
石大宇设计，清庭设计中心，2017 年

用竹子实验

石大宇是一位公认的竹艺大师，他完全沉迷于他选择的材料，并不断尝试将其融入家具设计的创新方法。例如，他开发了一种技术，使用薄板条状的竹子来制作滤光板，并将其应用在屏风椅和移动桌上，收到了很好的效果。他还使用竹条制造他设计的方块形茶柜，其灵感来自北京故宫博物院收藏的茶籝。茶柜的竹条之间的小间隙至关重要，因为它提供了足够的空气循环以储存做工精良的茶叶。相比之下，他的"椅 巴适"躺椅充分利用了扁平竹条的天然弹性。这种"零重力"设计可以用来缓解背疼——石大宇自己就深受其苦。作为他的妻子和商业伙伴，詹妮弗指出：

"这是石大宇设计作品中在技术上最具挑战性的椅子之一。"其全竹结构的复杂性的确增添了技术上的难度。这款有趣的设计呼应了勒·柯布西耶的 LC4 躺椅，展示了竹子的卓越强度和弹性，也体现了石大宇作为设计师的高超创新才华。他也十分沉迷于中国传统的竹子工艺文化，并通过研究发现，过去使用的竹编技术具有不同的功能目的。例如，一种编织类型专门用于鱼篓，而另一种则用于茶筛或插花。他的"屏茶"系列折叠屏风包含了七种传统的编织技术，此外他自己还开发了一种全新技术，就是将编织竹板拉伸到框架上，而非用胶水固定。

↓
椅 巴适
石大宇设计，清庭设计中心，2018 年

↓↓
几 流影
石大宇设计，清庭设计中心，2017 年

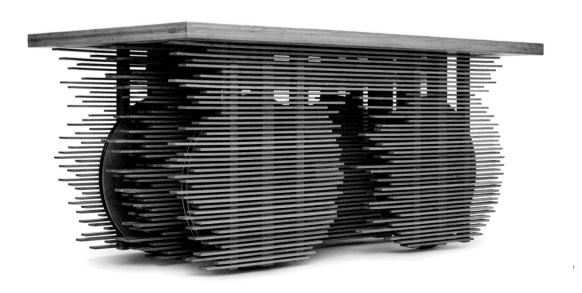

屏茶

石大宇设计，清庭设计中心，2013 年

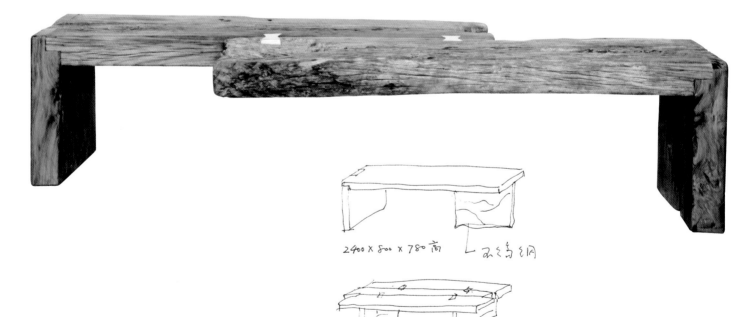

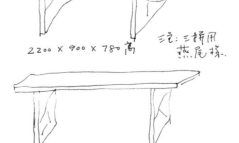

2400 × 800 × 780 高 ⌐ 玫瑰钢

2200 × 900 × 780 高 注: 三接用 燕尾接.

2100 × 480 × 870

↑↑
融 案几
宋涛设计，自造社，2011 年

↑
辍几
宋涛设计，自造社，2012 年

←
设计草图，2012 年
展示了三款钢板和榆木板的组合桌。

传统 + 现代

宋涛是中国设计界的传奇人物。他是中国最早的当代艺术画廊主之一，最早进行实验艺术家具设计并取得成功的中国设计师之一，因此此也一直是其他中国设计师的灵感来源。作为一位有影响力的画廊主，他帮助许多年轻设计师展示作品，建立他们自己的影响力。2002 年，他创办了自造社，这是中国第一家原创设计师品牌，专注于生产他自己的限量版设计，旨在以非常现代的方式振兴"家具设计中的中国精神"。2008 年，宋涛又组织并发起了中国家居设计师品牌联盟，旨在鼓励中国艺术家创作包含木材和金属材料的艺术品，重新发现并最终复兴这些传统材料在中国视觉和应用艺术设计中的使用。随后，他创作了一系列家具，将陈旧的木材与闪闪发光的金属结合起来，营造出新与旧、传统与现代之间的动态张力。在许多方面，这些作品可以看作对当代中国社会的反思，它不断地回顾过去，同时也引领着未来趋势，比如这里展示的长几和桌子。宋涛后来设计的"现代化石"系列，同样受到中国动态和多变的环境启发，试图质疑时间的概念和历史的意义。树脂包裹的"变性"木质桌面是对现代都市社会的隐喻，黄铜竹子元素代表了来自传统的青春活力，木材则象征着古代的"化石"。

现代化石系列　远古 -1
宋涛设计，自造社，2014 年
竹子这一元素的使用表明了设计与中国文人文化的联系。

化石系列

宋涛和他的朋友兼同事邵帆，都是伟大的中国艺术家具先驱。宋涛曾就读于中央工艺美术学院，主修平面设计及绘画，1986 年毕业，1993 年在法国巴黎第一大学获造型艺术硕士学位。在巴黎，宋涛接触到了艺术家具的概念。他于 1994 年回到中国创办了 TAO 画廊，为中国当代的优秀艺术家开办了许多展览。随着时间的推移，这个创业项目变得非常有影响力，他的画廊展出了许多中国先锋艺术家和设计师的作品。宋涛于 1995 年成立了宋涛设计工作室，工作领域包括艺术海报、艺术家具、书籍装帧、室内设计等。他的早期家具设计倾向于使用不锈钢和老木头的组合，从而将旧的和新的元素混合起来。事实上，在整个作为设计师的职业生涯中，宋涛的

作品都在将中国古代哲学和西方现代观点进行对比，创造了欧洲极简文化和东方手工艺之间的持续对话。这促使他开发出一种用树脂"化石化"木材，从而让它（如他所说）"变性"的技术。他使用这些拼接在树脂中的老木板来制作限量版的艺术家具，例如这里展示的桌子：木材悬浮在亚克力之中，仿佛被冻结在时间里。木材的质地因此被"去自然化"，演变为现代都市社会的"自然"隐喻，即悬浮于亚克力中的人造的"自然"。三个类似竹子的金属部件支撑着它的平衡。正如他指出的那样："黄铜竹子代表着强大的生命力和永无止境的青春精神，而古老的木材则是天然的材料。（我的）琥珀化石象征着时间的凝固。"

现代化石系列　竹几
宋涛设计，自造社，2014 年

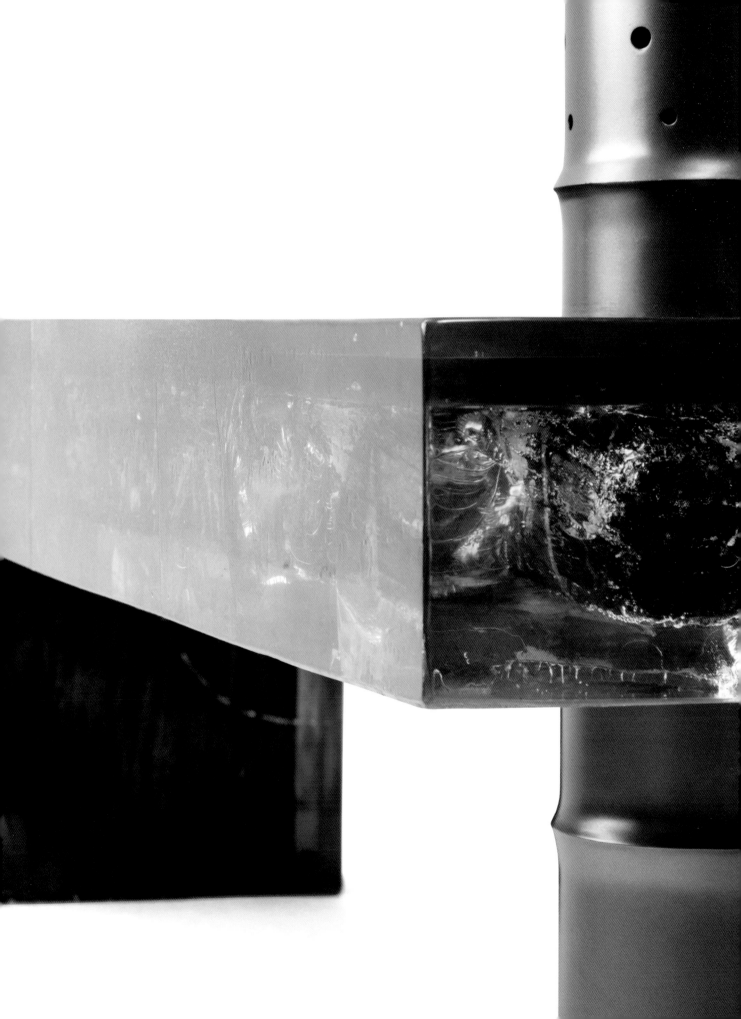

宋涛 + 吴作光

半透明性 + 不透明性

2011 年，宋涛创作了一个视觉上充满活力的艺术家具系列，他将透明的亚克力与不透明的老木材这两种材料进行了对比。其中一些设计直接参考了中国传统的家具形式，例如堆叠成置物架的长凳，或者受明式家具形制启发的扶手椅。然而，该系列中的其他作品，如长凳和桌子，没有那么直接地借鉴传统器型，因此蕴含着更强烈的当代美学风格，但在精神上却依旧是非常中国化的。虽然这些作品具有近乎空灵的视觉亮度和独特的诗意品质，但由于宋涛的古典木板组合，它们也呈现出强烈的怀旧感和情感共鸣。事实上，旧材料（木材）与新材料（亚克力）的融合反映了道教的信念，即当对立面处于完美平衡状态时，就能实现和谐。同样，半透明和不透明——换句话说，光明和黑暗——的对比也反映了道教的阴阳概念。宋涛的作品不仅反映了他对形式、功能和材料之间内在联系的兴趣，而且反映了他在从事室内设计工作时平衡中国风水原则与西方审美情感的高超技巧。

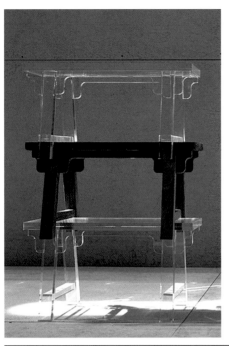

←
明凳
宋涛设计，自造社，2011 年

↓
燕尾桌
宋涛设计，自造社，2011 年

起伏的中式线条

吴作光不仅是浙江理工大学工业设计专业的教授，而且还是素壳家居公司的创始人，因此在中国家具行业备受尊敬。像他的许多同行一样，他认为中式家具设计复兴的时机已经成熟："我们应该拥有自己的现代家具设计，不是从西方进口的，也不是抄袭我们的祖先的设计。我们传统文化的许多方面，如传统的徽州建筑和明清家具都不属于现代的社会，因为技术、环境和人们的需求都发生了彻底的变化。"但对吴作光来说，这并不意味着设计师不应该接受"我们祖先的礼物"，毕竟设计师可以从传统中获得创造新时代产品的灵感。事实上，自 2003 年开始设计家具以来，他一直坚持着这一信念，他设计作品的特点是使用波浪起伏的、几乎像书法一般的线条，这些线条非常中国化。像许多其他中国设计师一样，吴作光一直坚持将家具放在大型整体空间中设计的理念。正是这种对设计的整体理解，以及与整体生活方式的紧密关联，对于理解新中式设计运动的独特和有趣之处至关重要。这些设计旨在创造一种社会氛围，从而激发民族精神。

↓
融　单人沙发
吴作光设计，素壳家居，2013 年

↓↓
弥　茶桌
吴作光设计，素壳家居，2015 年

Stellar Works

↑
实用系列　餐桌
如恩设计，Stellar Works，2018 年

↖
实用系列　无扶手木皮后背餐椅
如恩设计，Stellar Works，2018 年

↙
实用系列　双人位沙发椅
如恩设计，Stellar Works，2018 年

向内向外

Stellar Works 设计工作室成立于 2012 年，是一家总部位于上海的法日合资企业。它的创始人堀雄一朗解释说，这个中国品牌的意图是"融合各种思想：东西方，传统与现代，手工艺和工业生产——将过去最好的东西结合到现在"。像最近在中国建立的其他家具品牌一样，Stellar Works 设计工作室的团队由国际设计师组成。它还重制了威尔海姆·沃尔勒特（Vilhelm Wohlert）和延斯·里索姆（Jens Risom）等

设计师的"经典"20 世纪中叶设计。该公司的创作方向由如恩设计研究室把控，这是一家跨学科的建筑设计事务所，总部设在上海，由建筑师郭锡恩和胡如珊领导。他们分别在菲律宾和中国台湾长大，并在美国加利福尼亚大学伯克利分校读书时相识。他们为 Stellar Works 设计的"实用"系列具有迷人的复古工业美感，但仍符合 Stellar Works 的"亚洲情怀，永恒工艺"的目标。

实用系列　圆形壁挂镜子
如恩设计，Stellar Works，2018 年

联结斯堪的纳维亚

"华人"这个词指的是中国人，而"华裔"这个词指的是居住在中国以外的拥有中国血统的人。例如，在新加坡，2015 年时有 76％的人口认定自己是"华裔"。有鉴于此，我们认为如果不囊括一些新加坡华裔设计师，对中国当代家具设计的调查就不会完整。其中包括陈思进，他曾在新加坡国立大学学习，然后又在洛桑的州立美术学院学习了一段时间。随后，他在旧金山的鲁纳设计（Lunar Design）工作室实习，这是世界上最负盛名的多学科设计机构之一。回到新加坡后，陈思进与其他三位年轻设计师一起创立了"Outofstock"设计集团，他们的团队成员有来自新加坡的蔡汶霈、来自阿根廷的古斯塔夫·马基欧（Gustavo Maggio）和来自西班牙的塞巴斯蒂安·阿尔韦迪（Sebastián Alberdi）。这个设计团队的名字暗示他们最初在斯德哥尔摩的相遇，当时他们同在伊莱克斯设计实验室工作。极具天赋的陈思进是这里的少数华裔设计师之一，他们的设计由海外知名设计制造商制造，包括BlåStation（瑞典）、Design Within Reach（美国）和 Ariake（日本）。他的炉椅的灵感来自 Shaker 公司炉灶的形状，以及该公司设计的用于在家中悬挂椅子的墙钉，这是东西方设计融合而产生的一种力量，它的斯堪的纳维亚式的简约与东方精致美学完美融合。我们很难找到一位对形式和功能有如此深刻理解的年轻设计师，陈思进无疑是一位值得关注的亚洲设计明星。

← & ↘↘
炉椅
陈思进设计，BlåStation，2018 年

↓
天梯书架
陈思进设计，Ariake，2017 年

↙↙
利休电视柜
陈思进设计，Ariake，2017 年

谭志鹏 + 罗黛诗 / 蛮蛮鸟工作室

流动的有机体

谭志鹏和罗黛诗于 2015 年创立了蛮蛮鸟工作室，他们已经被视为当代中国设计艺术的先锋人物，自工作室成立以来，每年都在迈阿密设计展或巴塞尔设计展上展出他们的作品。2017 年，这个二人团队还获得了国家艺术基金的资助，证明这些年轻艺术家已经受到了高度关注。他们选择的材料是黄铜和青铜，这种材料已在中国广泛使用了数千年，如今却被他们塑造为来自自然界的美丽抽象形式。谭志鹏精通失蜡铸造，而罗黛诗则致力于这些金属的着色和涂层加工。他们极其享受从物理和化学角度探索金属的过程，进而通过他们的设计表达材料的内在属性。他们的作品都是合作完成的，谭志鹏在设计理念方面处于主导地位，而罗黛诗则更多地参与了设计理念的执行。他们的设计作品可以被视为对形式、功能和材料的实验性探索。他们的"生肌"系列包括玄关桌、凳子、高足桌和双层咖啡桌，每个都由抛光铸造黄铜制成，限量发行 12 件。

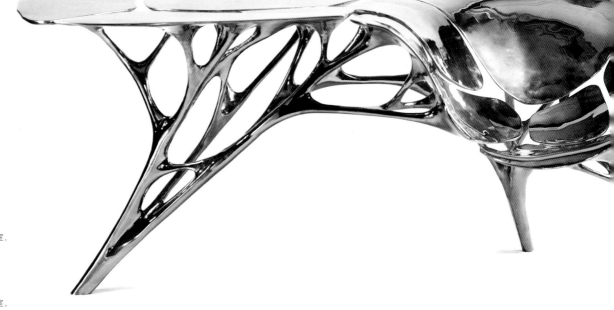

→
生肌 桌子
谭志鹏设计，蛮蛮鸟工作室，
2016 年

↘
生肌 咖啡桌
谭志鹏设计，蛮蛮鸟工作室，
2017 年

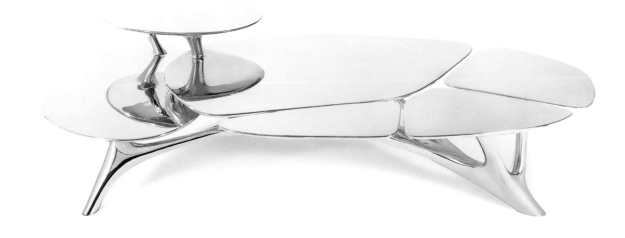

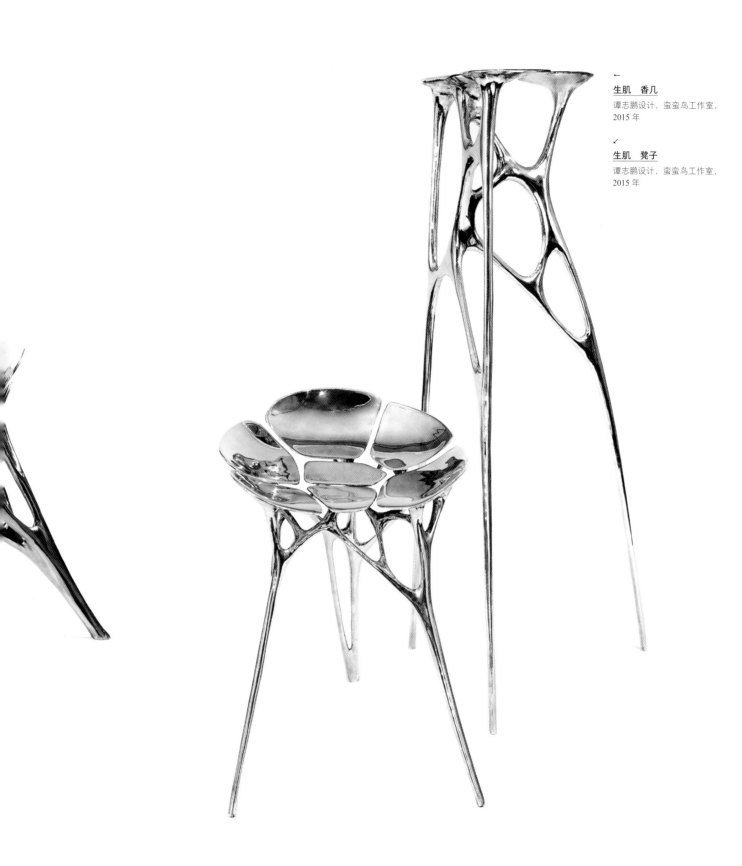

生肌 香几
谭志鹏设计，蛮蛮鸟工作室，
2015 年

生肌 凳子
谭志鹏设计，蛮蛮鸟工作室，
2015 年

金属之歌

蛮蛮鸟工作室的第一次重要突破来自"撒旦"系列（2015—2016 年）的"三十三步椅"和凳子，它的设计灵感来源于脊柱和其他人体骨骼。那时，该公司的创始人谭志鹏和罗黛诗已经开始创作限量版的设计艺术家具，这些家具更具抽象性，因此具有更大胆的雕塑般的质感。例如谭志鹏设计的"生肌"系列，由抛光和哑光铸造黄铜制成，包括基于莲藕和莲叶结构的设计，这些细节使设计具有动态的生命力。相比之下，他的不锈钢"生肌沙发"重达140 公斤，具有更加"圆润"的外观，其镜面抛光表面突出了这种坚硬、冰冷且高反光的合金的独特材料属性。然而，谭志鹏最奇怪的设计是由青铜制成的"行走的茶几"，其桌面灵感来源于莲叶的造型，桌腿则类似于莲花的根，它们看起来仿佛会像一些外星生物那样小步快跑起来似的。

↓
行走的茶几
谭志鹏设计，蛮蛮鸟工作室，
2017 年

→ & ↘↘
生肌　太空椅（及细节）
谭志鹏设计，蛮蛮鸟工作室，
2017 年

↘
生肌　边桌
谭志鹏设计，蛮蛮鸟工作室，
2017 年

生肌　沙发
谭志鹏设计，蛮蛮鸟工作室，2017 年

蔡烈超工作室

←
造作井然工作桌
蔡烈超设计，造作新家，2017 年

↙
提篮桌
蔡烈超设计，失物招领，2015 年

↓
拥抱椅
蔡烈超设计，失物招领，2018 年

→|
拥抱椅（局部）

中式极简主义

蔡烈超是一位才华横溢的年轻中国设计师，他于 2014 年在杭州创立了自己的设计工作室。从那时起，凭借简约而别致的极简主义家具，如 2015 年首次亮相的钢板和胶合板拼接而成的桌子，他为自己在设计界赢得了一席之地。这些引人注目的轻巧设计巧妙地由搁架状结构组成，其上安装有可移动的托盘式桌面，可以单手携带。正如蔡烈超观察到的那样，虽然设计看起来好像忽视了重力，随时都会倒塌，但"它们实际上非常稳定"。最近，他一直与

"失物招领"合作开发面向市场的新"核心"系列，但仍打算延续品牌一直以来擅长的简约风格。例如，他复古风格的"拥抱椅"与失物招领公司早在 2008 年设计的"天津铁管椅"上的拱形扶手遥相呼应，但正如其创作者解释的那样："与早期设计相比，这一新设计旨在提高安全感，设计师巧妙地利用封闭式扶手解决了这个问题。"蔡烈超的工作基本上都旨在创造优雅而简单的家具设计方案，并采用可持续的设计和制造方法。由此产生的设计具有柔和而纯粹的极简主义美学风格 —— 这基于在结构中使用的最简洁的材料和工艺。

←

云龙椅

温浩设计，先生活 HAOstyle，
2011 年

↓

云龙椅（局部）

温浩设计，先生活 HAOstyle，
2011 年

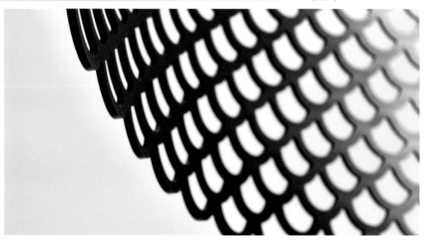

↑
宋缘桌
温浩设计，先生活 HAOstyle，2019 年

↓
"云龙椅" 水墨草图，
温浩创作，
2011 年

超越经典

在中国，大学里的设计教育有着这样的传统：老师们教授设计，同时担任室内设计师或家具设计师。那些经常致力于建立自己的设计主导品牌的人，往往会收获人们最崇高的敬意。事实上，在中国，向大师学习的想法是根深蒂固的。作为艺术家、学者和策展人，广州美术学院家具研究院院长温浩被誉为当代家具设计领域名副其实的大师。除了邵帆和宋涛之外，温浩也被认为是新中国设计的"第一代"先驱之一，他的许多学生已经成为所谓的第二代和第三代的明星设计师。温浩如此受

人尊敬的另一个原因是，他于 1996 年在中国建立了第一家现代家具画廊，并且从国外引进了尖端设计。他于 2006 年创立了品牌"先生活 HAOstyle"，由其妻子担任业务经理。这个羽翼未丰的品牌凭借其非常昂贵和独特的全黄铜打造的新明式家具迅速在中国成名，这些设计体现了温浩通过融合先进的生产技术与手工艺来实现现代化和重振中国传统的愿望。他最著名的设计是云龙椅，配有龙纹皮革椅面，将中国古典风格推向了一种完全现代的中式美学。

铜文化美学

作为广州美术学院家具研究院的院长，温浩是中国著名的设计师，同时也是一位受人尊敬的学者和策展人。除此以外，他还是中国伟大的创作人，这里展示的具有鲜明美感的精致黄铜家具就足以证明这一点。

这些非同寻常的系列 —— 不仅包括这里展示的桌子，还包括与之相互匹配的坐具和案几柜架 —— 潇洒地超越了"经典中式风格"，同时仍保持着百分百真实的中国精神。

这些如雕塑般的作品的最引人注目之处，是它们有着饱满的体量和触目的视觉冲击力，加上精美细腻的手工抛光和斑驳粗犷的表面处理，以一种完全现代的方式强烈地唤起了中国古老的铜文化美学。

Song 桌

温浩设计，先生活 HAOstyle，2018 年

→
<u>Tang 几</u>
温浩设计，先生活 HAOstyle，2020 年

↓

<u>Han 案</u>
温浩设计，先生活 HAOstyle，2020 年

武巍 / 素元

开明的设计和制造

作为一名工业设计师，武巍曾经处于该领域的最高层——他曾担任方正科技的设计总监长达十多年。然而，在此期间，他越来越关注消费品不断缩短的生命周期。他担心"越来越多的产品在不到一年的时间内变成垃圾"，便开始设计作为"解药"的实木家具——为了制造一种更经久不衰的消费品。随后，他于 2011 年成立了自己的小型设计咨询公司，每年仅从事一个工业设计项目，并将其余的时间用于设计家具，他希望这些家具可由现有制造商生产。经过四处碰壁的艰难第一年，他最终找到了一家制造商，并开始生产他精心设计的家具。他的设计使用简约的当代设计语言，同时也参考了明式家具的形制。与此同时，他还开设了一个联合工作坊，教授人们基本的西方木工技术。其目的是为他们提供实践经验，帮助他们建立"与事物的联系"。相较于他自己的家具设计，他更想要"做一些中式的设计，但不要流于表面"，所以他勤勉学习传统的中国家具制作技术。作为一位虔诚的佛教徒，他认为采取整体和符合道德规范的方法来进行设计和制作也很重要。他的方法之一是创造具有天然简约性的家具，并且仅使用森林管理委员会（FSC）认可的木材——枫木、胡桃木和樱桃木。事实上，他完全拒绝使用稀有的硬木，因为他认为"我们并非生活在明代"。

有容四屉二门餐边柜
武巍和设计团队共同设计，素元，
2015 年

↑
涟椅
薛非和设计团队共同设计，素元，
2018 年

↗
凌空分离小方几和明心圈椅
武巍和设计团队共同设计，素元，
2012 年

→
无相大条案
薛非和设计团队共同设计，素元，
2013 年

简单 = 灵性

武巍意识到，现在很多人已经脱离了他们使用的东西的物质起源，而他的实践木工车间是一种让他们重新与之连接的方式。例如，当一个班级的孩子来到车间时，他总是为他们解释树的生命周期，因为他想传达"木材来自大自然，因此树木是宝贵的资源"这种信息。他还意识到，为了制造一套餐具，人们甚至不惜毁坏古老的森林，所以他会时刻注意，确保用于自己家具的所有木材都是可证实的可持续性木材。事实上，他的整个设计方法是全面而自觉的。例如，他理解触摸对于身体和心理的联系都很重要，所以他确保他的家具拥有漂亮的光滑表面，以及圆角——这一细节可以防止儿童或老人受伤。作为佛教徒，冥想也是武巍生活的一个重要部分，他的许多座椅设计都有利于调整坐姿，以增强"气"（能量）的流动。他还创造了一套专门用于冥想的家具，由精美的彩绘屏风、略微凸起的桌子和宋代风格的凳子——当人们半卧时，它还可以起到扶手的作用——组成。通过精致和简约的设计实现超凡的灵性，这是一个真正卓越的家具设计的目标，但正如武巍所说："设计不应该是耀眼的，而只应是融入生活的一部分。"

←
听钟隐几
薛非和设计团队共同设计，素元，
2018 年

↗
听钟屏风、听钟席榻、听钟隐几和凌空分离小方几
武巍和设计团队共同设计，素元，
2018 年

→
无相禅椅和无相九屉柜
武巍和设计团队共同设计，素元，
2017 年

肖天宇

"融合"系列 座椅
肖天宇设计制作，2010 年

寻求融合

肖天宇曾在北京中央美术学院学习设计，于 2010 年毕业。在最后的毕业设计中，他设计了一系列椅子，将巨石般的软垫底座与木质靠背结合起来，靠背造型以经过简化的中国传统家具形式为基础。这个名为"融合"的引人注目的家具系列使得肖先生成为当时北京新中式设计运动中最具创新精神的年轻设计师之一。事实上，这个学生作品不仅在中国得到了广泛的宣传，而且在国外也声名远扬。通过以一种非常令人耳目一新的方式改造本土文化，肖天宇的这个家具系列既优雅简约，又具有当代雕塑美感，以及明显的中国风味。"融合"系列的重大成功鼓励肖天宇将其用作后期家具系列的主题蓝图，他的后期作品也一定会在这个基础上实现重大的升华。

肖天宇

诗意的风景

肖天宇凭借其 2010 年设计的引人注目的"融合"系列毕业作品取得了初步成功，该系列融合了"东方"木制扶手和"西方"软坐垫，此后，肖天宇决定在"树生"系列中继续探索这种融合东西方元素的设计主题。这个限量版系列包括沙发、椅子、凳子和桌子等家具，每款设计限量生产八件，是迄今为止最具诗意的新中式设计之一。这种背板由深色调的紫檀木制成——

因为与中华王朝奢侈品的历史联系，这种材料在中国仍然备受推崇，尽管在某些方面被认为具有生态争议性。当然，将这种罕见的硬木用于制作经久的、精致的设计艺术作品比用于制作批量生产的普通家具更合理。肖天宇的"树生"系列直接使用这种传统的材料，这本身就是一种诗意的陈述，他的设计还引发了对中国文化与自然世界之间相互交融的复杂关系的反思。

↓
"树生"系列　沙发和坐凳
肖天宇设计制作，2016 年

⇥
"树生"系列　桌
肖天宇设计制作，2016 年

↘
"树生"系列　椅
肖天宇设计制作，2016 年

←
"传承"系列　矮扶手椅
肖天宇设计制作，2011 年
↓
"传承"系列　沙发
肖天宇设计制作，2011 年

王朝美学

和当今在中国工作的其他设计师一样，肖天宇从明代丰厚的文化遗产中汲取灵感，创造出真正体现中国精神，同时又具有完全现代和包容的风格的家具。他的"传承"系列扶手椅和沙发是对明式家具形式的低调、超时尚的诠释，而他的"新生"椅则采用传统明式官帽椅的靠背造型，并将其放在圆形皮革覆盖的椅面上，从而营造出一种戏剧性雕塑效果。相比之下，他用黄铜和乌木打造的令人惊艳的"云逸"系列桌椅高调地传达了一种更加明显的王朝美学——却采用了新后现代主义的表现方式。在更微观的角度上，这种外观看起来可能相当新颖甚至浮夸，但是肖天宇对这种风格的诠释是完美的。在这个意义上，他的作品也受到他对传统艺术和手工艺技术的兴趣的启发，应当被视为对历史民族文化的 21 世纪探索。肖天宇的目标是生产出具有"统一、优雅、简约"品质的设计，并在当代社会推广中华文化传统中最优秀的内涵。

↓
"新生"椅
肖天宇设计制作，2016 年

↓↓
"云逸"系列　桌和椅
肖天宇设计制作，2015 年

徐明 + 文吉 / 明合文吉工作室

古老 + 现代，东方 + 西方

在当代中国设计的先锋中，明合文吉工作室的徐明和文吉（Virgine Moriette）将中国古代的形式和图案与更现代的西方情感融合在一起，以打造具有无可置疑的中法风格的新锐家具。例如，他们的限量版"水滴"书架在名称和造型上都从一滴水中获取灵感，而水在五行中往往被认为最具阴性特质（黑暗和女性化）。另一处对中国象征主义文化的致敬则是圆圈，即完美、统一或和谐，他们的"月"扶手椅由一系列经阳极电镀黄铜处理的环形钢管组成。相比之下，他们的"棉花"扶手椅则采用传统的明式椅子形式以及亚光饰面，但是黑色橡木和白色皮革的组合也是一种创新。然而，U 系列可能是迄今为止这个二人团队最有趣的家具设计系列。这一系列受到中国传统剪纸工艺的启发，设计出的产品基于单一 U 形的形式，可以"剪裁"出不同的功能应用和审美式样。U 系列包括 12 把极具雕塑感的椅子，以及各种搁架单元、长凳和餐桌。这个出色的家具系列融合了中国精神和 21 世纪以工业生产为主导的生产技术，为当代中国设计提供了一种令人耳目一新的创新方法。

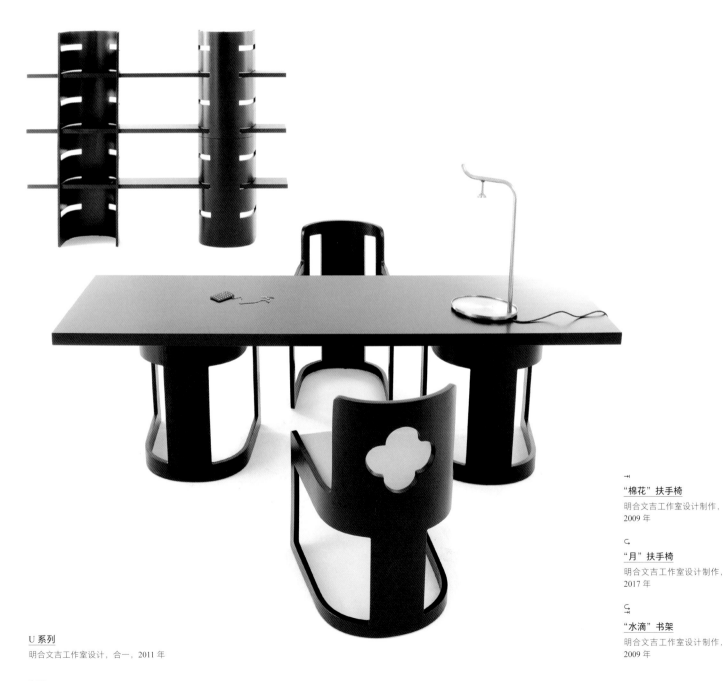

U 系列
明合文吉工作室设计，合一，2011 年

→
"棉花"扶手椅
明合文吉工作室设计制作，
2009 年

↳
"月"扶手椅
明合文吉工作室设计制作，
2017 年

↳
"水滴"书架
明合文吉工作室设计制作，
2009 年

新中式青铜器

　　受到中国古代青铜器的启发，明合文吉工作室的徐明和文吉设计了两个真正卓越的青铜家具系列，不仅时尚优雅，而且具有强烈的雕塑感。这些限量版设计艺术作品被称为"相生"和"相生 II"系列，充分展示了中国文化的核心理念，即对立平衡是实现和谐的方式，在这种思路下，设计师采用虚实相间的手法，同时以"老旧"的氧化表面（深棕和铜绿色调）和看起来较新的拉丝表面打造家具。但更重要的是，这两个系列也可以看作东方和西方设计理念的融合，因为这对夫妇解释说："在西方，从材料和形式上看，人们更崇尚坚实的东西。而在东方，空虚的概念是有独特意义的，可以追溯到道家哲学，它代表精神的空无一念，一个可以任由潜意识流动的安静的地方。"

"相生"系列　角桌 #1/#2/#3
明合文吉工作室设计制作，2015 年

→
"相生 II"系列 模块化搁架单元
明合文吉工作室设计制作，2016 年

↓
"相生 II"系列 边几
明合文吉工作室设计制作，2016 年

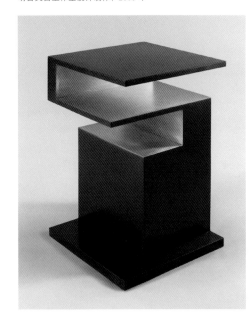

上海玫瑰

20 世纪 20 年代和 30 年代，上海拥有众多具有里程碑意义的装饰艺术建筑，当时这座城市被称为"东方巴黎"。如今，明合文吉工作室位于上海历史悠久的原法租界街区，以其独特的艺术设计家具展现了"上海玫瑰"的魅力，它们不仅在功能和美学上极具创新性，而且做工精致。例如，他们的限量版"金石"系列具有强烈的后现代装饰风格，采用缅甸粉红色玉石和阳极氧化不锈钢制成，饰有迷人的玫瑰金黄铜，配有极具质感的咖啡桌、优雅的闺房风控制台和一系列引人注目的灯具，巧妙地平衡了严谨的简约形式主义与粉红色玉石的质感，其内部空间被点亮，以突出那柔和的光泽和玫瑰色的艳丽。

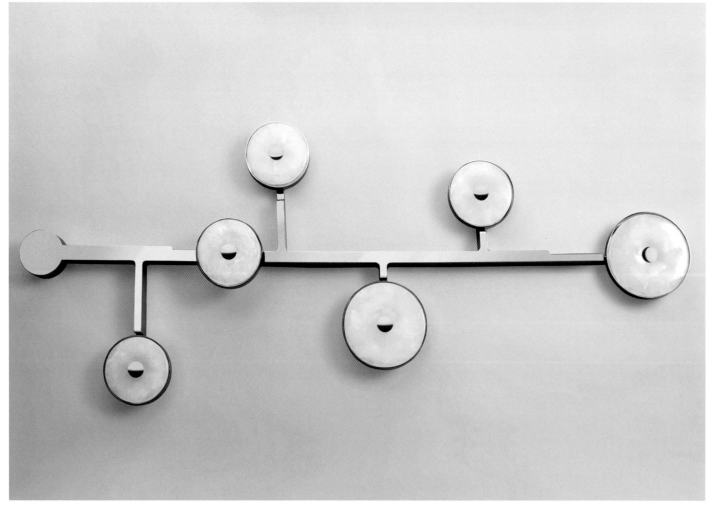

←
金石粉玉案桌 #1（局部）

↓

金石粉玉案桌 #1
明合文吉工作室设计制作，2017 年

↖
金石粉玉圆几 #1
明合文吉工作室设计制作，2017 年

↤
金石粉玉壁灯 #2
明合文吉工作室设计制作，2017 年

Blooming 系列

　　明合文吉工作室的 Blooming 系列是对经典明式花瓶的一次俏皮的、后现代主义的重新构想。该系列中的每一个设计都采用了这种众所周知的中式造型，它可以打开或"绽放"以作为橱柜、控制台或吊顶灯来使用。这些花瓶由不锈钢制成，漆成深蓝色，使人们想起历史上中国瓷器用蓝白色染料呈现出的水墨画色调，但在打开时，它们就变成了施以完美无瑕的白色涂漆的私密容器。这些作品以直线和柔和的曲线形成鲜明对比。这个系列也揭示了徐明和文吉对设计形式的巧妙的跨文化解释，这种重释轻松愉悦地颠覆了它们的历史文化联系。

Blooming 系列　储物柜 / 灯 #1
明合文吉工作室设计制作，2017 年

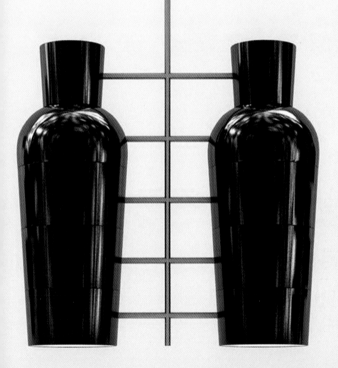

209

↓
金叶案几
明合文吉工作室设计制作，2019 年

←
金叶边桌 #2
明合文吉工作室设计制作，2019 年

明合文吉工作室这两张令人惊叹的桌子的中文名称是"金叶"。该系列——包括一个桌案、一张茶几和三个边桌——的每件作品都旨在作为家庭中的微型景观发挥作用，展示了明合文吉工作室对于在技术上极具挑战性的作品的卓越制作能力。当然，这些由黄铜色阳极氧化不锈钢和有着美丽纹理的巴塔哥尼亚石英岩制成的非凡构造具有天生的活力，它们似乎可以克服重力。罗黛诗创作的三张"合唱团"系列桌子，具有近乎块状的外形和经过不同处理的铜质表面，同样具有类似的雕塑感，以及金属质感。黛诗近年来的工作集中于极具创造性地运用生物学手段转化家具材料，正如 Gallery ALL 画廊解释的那样："当代科学与设计材料的融合使材料得以在作品中自发生长，创造出'它'自己所渴求的形式，同时，这种融合也持续探索着铜的自然生命能量。"黛诗的团队主导的"铜着色色彩基因库 COPPER COLORS"项目在 2019 年赢得了深圳市创基金的支持，他们最终设计出了这三款令人叹为观止的艺术桌子。

合唱团系列
罗黛诗设计，蛮蛮鸟工作室，2019 年

Forest　软垫和软凳

许恬愉设计，8 小时，2017 年

Timeline 边几
许恬愉设计，8 小时，2016 年

轻松 + 简单

许恬愉曾经在上海大学美术学院学习艺术和设计，然后花了十多年的时间积累设计和制作家具的实践经验。2015 年，她创立了自己的公司 —— 8 小时设计工作室，设计制作自己的家具和家居用品。这一品牌的名字反映了工作日的平均 8 小时工作时间，表达了她为日常生活需求寻找创新和有趣的设计方案的愿望。例如，她设计的"Timeline"桌子有一个倾斜的底座，其上由金属杆组成的虚线旨在象征时间的流动性和连续性。但更重要的是，当从不同角度看桌子时，它具有动感的欧普艺术品质。同样，许恬愉的各种尺寸的"Forest"坐垫也旨在为办公室和家庭环境注入一点视觉活力。这些作品易于移动，可随意组合，在其占据的空间内创造出功能性雕塑作品。根据许恬愉自己的总结，她的目标是："在日常生活中寻找惊喜，创造出让生活更有趣的产品。"

超现实的单体

很明显，对学校以及专攻领域的选择总是会对设计师后来在专业实践中采用的设计方法产生巨大影响。例如杨泓捷，他在荷兰埃因霍芬设计学院获得了环境设计硕士学位，该学院以推动实验设计研究而闻名，并且积极鼓励打破学科界限的挑战性概念设计。杨泓捷选择的学术专业领域是环境设计，正如其名称所显示的那样，该专业旨在探索更广阔的社会环境设计及其实践。因此，自从完成学业以来，杨泓捷一直专注于设计工作，正如他说的那样，"调查人为干预与不干预之间的自然区别在哪里——因为干预行为本身也是自然过程的一部分"。例如，他超凡脱俗的"Monolith"系列就与变形的概念有关，因为正如他意识到的那样，"通过变革，我们才能找到启蒙"。这一系列的限量版作品由铝、不锈钢或青铜雕刻而成，具有瓦砾状的金属外观，与其整体镜面相映成趣。彰显于原始的雕塑风格，这个限量版的艺术设计系列拥有一种神秘的美学，似乎超越了人造世界和自然世界，而属于另一个超凡脱俗的境界。事实上，杨泓捷认为，"我们所知道的自然即将结束"，因为——想一想吧——世界上几乎每个地方都在或多或少地受到人类活动的影响。

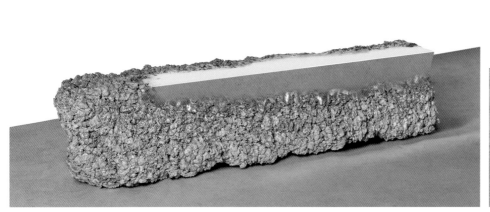

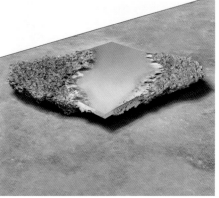

←
Synthesis Monolith **不锈钢坐凳**
杨泓捷设计，Gallery ALL，2018 年

↑
Synthesis Monolith **铝制长凳**
杨泓捷设计，Gallery ALL，2017 年

↗
Synthesis Monolith **铝制咖啡桌**
杨泓捷设计，Gallery ALL，2017 年

→
Synthesis Monolith **铝制长凳**（局部）

腓力圃·叶 / 唐堂 + 张鹰 / 南谷

东方的新装饰主义

　　家居品牌"南谷"的创立灵感来自其创始人对木工的共同爱好。张鹰是一名设计师，曾在澳大利亚昆士兰艺术学院学习，而她的联合创始人金平是一位著名的艺术摄影师，对自然、文化及其互动特别感兴趣。作为南谷的艺术总监，张鹰认识到设计在根本上是关于生命的，其核心是功能与美学之间的关系。正如她解释的那样："我相信创造美丽物品的秘诀在于利用大自然为我们慷慨提供的能量和元素。"她设计的别致的"面包"椅，有着厚实的衬垫底座，看起来确实像一条装在锡罐中的面包，优雅地展示了其结构中使用的木材的美感。这种设计借鉴了明式家具的衍生形式，同

时也与 20 世纪 20 年代流行于上海的装饰艺术风格相呼应。座椅设计中采用了具有独特的轻柔拥抱感的扶手，使其具有情感上的吸引力，而其黄色坐垫则具有明显的中华王朝传统内涵，因为过去只允许皇帝穿着这种颜色。基于中国文化，屡获殊荣的马来西亚设计师腓力圃·叶（Philip Yap）也为自己的融合设计品牌"唐堂"制作了各种家具，巧妙地以一种时尚的新装饰主义方式借鉴了明式家具的形制。他将中国传统形式和图案诠释成具有强烈后现代美学风格的设计，如"粉黛"圈椅和"国色天香"间隔柜，展现了新中式设计风格的崛起。

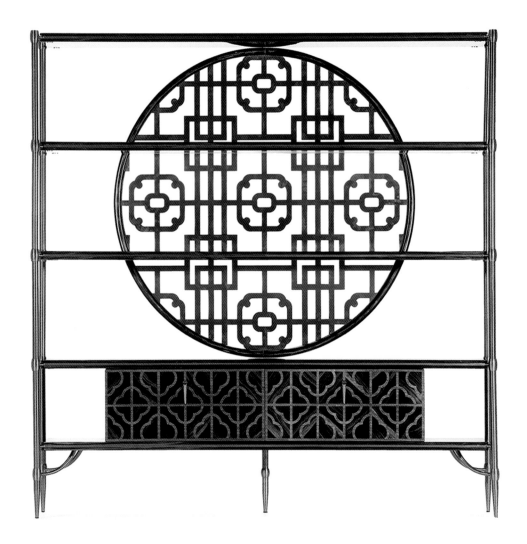

←
国色天香间隔柜
腓力圃·叶设计，唐堂，2015 年

粉黛圈椅

腓力圃·叶设计，唐堂，2016 年

↓ & →

和舍休闲沙发椅

张鹰设计，南谷，2016 年

袁媛 / 如翌家居

充满生机的明天

当谈论中国古代家具时，大多数人指的都是明清两代。因为很少有家具的实物从更早的宋朝流传下来。当然，正如本书中许多家具设计所呈现的那样，今天的中国设计师也从清朝的典型形式中得到了很多设计灵感。然而，如翌家居的创始人袁媛认为，对这些历史家具形式的痴迷是一种错误，因为它们倾向于反映儒家与清朝皇权的结合，只代表中国文化的一小部分。在她自己的极具雕塑感的设计中，袁媛更喜欢从更广泛的文化景观中汲取灵感，以创作既反映古代中国传统主题，同时也非常适合当今生活方式的作品。她的目标是建立一种更具国际吸引力的当代中国设计语言，从而丰富人们的生活。她设计的"轻扇"屏风在构造中巧妙地结合了坚硬的、扇贝形状的传统扇子，而象征中国古代文人修养和精致品位的中国折扇则激发了她"凤扇椅"的形式设计。她的"观石"沙发也深受中国古代文人文化影响，在这种文化中，形状有趣的岩石是文人沉思冥想的对象，因此一直是文人书房的必需品。

→
轻扇（屏风）
袁媛设计，如翌家居，2015 年

↓
观石（沙发）和云萍（茶几）
袁媛设计，如翌家居，2015 年

唤起回忆的形状

年轻的中国设计师袁媛于 2015 年推出了自己的生活方式品牌如塑家居，并于同年在米兰国际家具展上展示了她的第一个家具系列。她的公司名称是一个文字游戏："如塑"的意思是"就像明天 / 未来"，而"如塑"发音与"如意"相同，意思是"如你所愿"，"如意"也可以指中国佛教中的一种 S 形礼器，是一个带来好运的护身符。因此，公司名称暗指过去和未来。这十分符合袁媛的理念，即必须在古老的东方传统和国际当代设计的普遍价值观之间取得关键的平衡。她明白严格遵守文化传统很容易限制创造力，同时也注意到过分的全球化会导致设计失去"本地"独特性。袁媛后来与一位雕塑家结婚，从那之后，她的作品开始散发出一种雕塑般的自信，这种自信具有典型的现代感，并受到中国传统文化的启发。她设计的"启"扶手椅采用厚实的软垫椅面，参考了古代宫廷中使用的宝座式椅子，而她鹅卵石般的"浅滩"屏风和山峰般的"石头记"沙发的灵感则来自中国文化与自然世界之间的紧密联系。袁媛解释说："我相信自然是一个持久的主题，是过去与未来、东方与西方之间的桥梁。"她与如塑的目标是跨越家具设计领域的时间和地域差距。

↑
石头记（沙发）
袁媛设计，如塑家居，2017 年

←
凤扇（椅子）
袁媛设计，如塑家居，2015 年

↑
启（扶手椅）
袁媛设计，如塑家居，2017 年

→
浅滩（屏风）
袁媛设计，如塑家居，2017 年

倚至尚

中国文人文化

西方人很难理解中国消费者对稀有热带硬木——尤其红木——的迷恋，但正如一位中国设计评论家对我们说的那样，"它不仅仅是家具，更是文化"。事实上，中国红木家具的历史最早可追溯到 10 世纪，随后由于创新的细木工技术，红木的使用在明代达到了巅峰。尽管如此，中国的家居品位正在迅速变化。例如，精心雕刻的红木家具，以及雍容华贵的巴洛克风格和"大亨"风格的红木家具的受欢迎程度近年来急剧下降，浅色木材却越来越受欢迎，特别是在年轻的、精通设计的消费者群体中。与宋代和明代文人精致的生活方式和品位相关的所谓文人审美也以更现代的外观呈现出来，并越来越受到追捧。"倚至尚"的设计就证明了这一变化，该工作室由设计师徐辉创立。它的销售总监高度关注围绕红木使用的生态问题争论，他指出："这种简单的设计风格使用的红木比用于制作传统风格家具的红木少得多。对于作为家具生产者的我们而言，明式风格体现了中国的精神和中国文人不追逐名利、更看重美学价值的悠久传统。"尽管如此，红木是一种宝贵的自然资源，需要更多的保护，决不应该浪费在糟糕的设计上。使其可持续发展的唯一方法是限制其供应，只允许最优秀、最用心的设计师使用它。

梅花高柜
徐辉设计，倚至尚，2018 年

张周捷

前卫的座椅系列

作为当代中国设计的杰出先驱人物之一，张周捷处于专业实践的最前沿，他在设计中使用具有革命性和解构性的计算机算法来创造不同于以往任何时代的家具。实际上，他的家具本身并不是由他设计的，而是由他和他的团队创造的计算机算法设计的。十多年来，张周捷一直在研究数字对象 / 三角测量系列，其灵感来自道教的自然观，以及参数化主义运动——他于 2009 年在伦敦建筑协会担任访问学者时首次接触到的理念。该系列涵盖各种设计，包括椅子、凳子和桌子，其形式由计算机软件根据张周捷建立的参数制定，涉及基本的数学逻辑，如尺寸和点的运动。然后程序将设计从二维平面拓展为三维形式。大数

据技术在手工焊接黄铜或不锈钢的限定版物理设计中得到了完美应用。这些折纸般的设计具有独特的分割美，这是一种未来主义和发人深省的创意。

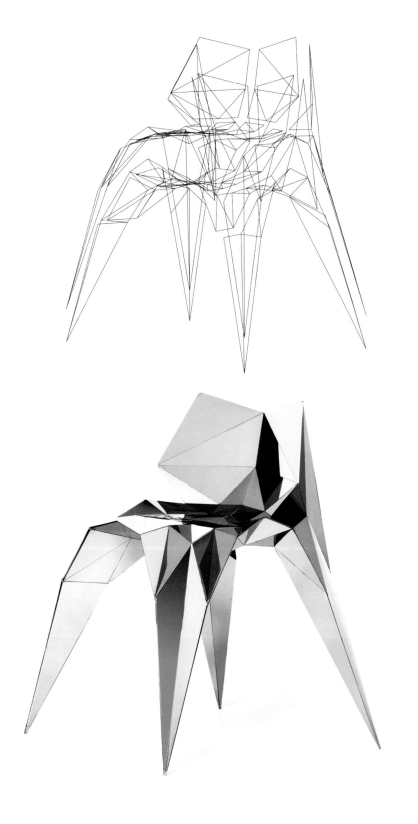

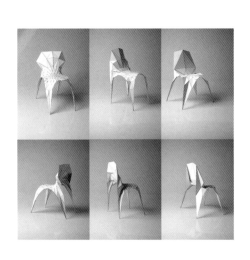

↑
早期纸质测试模型，2009 年

↗
早期电脑编程模型，2010 年

→
SQN1-F2-A 号椅子
张周捷设计制作，2011 年

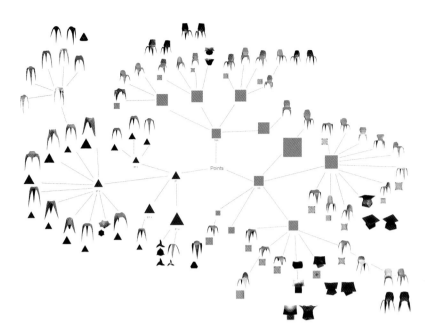

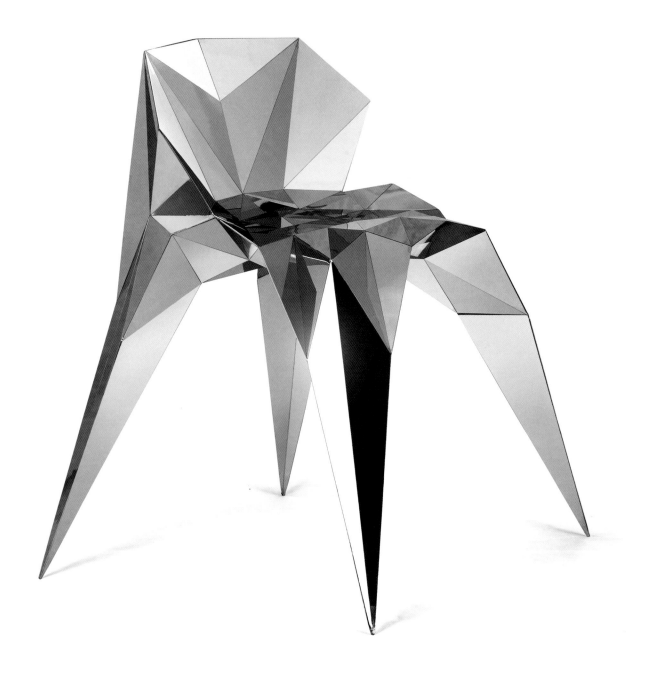

设计的新方面

这些漂亮的桌子和长凳有着复杂的切面，是张周捷"无为哲学"的完美典范，它们的数字化平面首先向内下沉，然后自然地向外扩展。正如张周捷解释的那样："设计过程只花了几秒钟，但其背后的连续逻辑演绎花了三年多时间。"这一设计的目的是将设计功能与使用计算机算法的自然增长过程完美结合，从而揭示"数字逻辑的自然美"。一旦设计由计算机以数字方式生成，接着就需要花费三个月的时间，使用手工方法将它们精心制作成漂亮的、超凡脱俗的限量版家具，制作材料可以是不锈钢或黄铜。

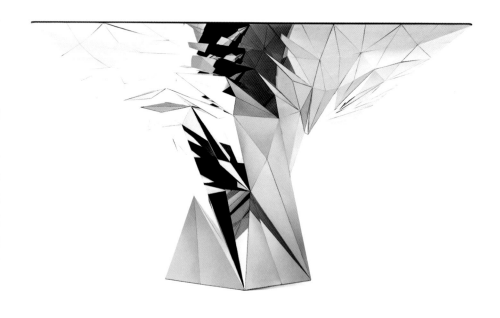

↑
SQN1-M 号长凳
张周捷设计制作，2012 年

↗ & →
SQN7-T 号桌子
张周捷设计制作，2013 年

数字增长

尽管还相对年轻，张周捷却已经是新中国设计界的大师级创作者，并且是国际设计舞台上最有影响力的人物之一。他在数字化领域有诸多开创性成果，比如使用生成软件以数字方式确定设计形式，从而设计出令人印象深刻的作品等。这里的两张桌子和灯光互动装置，有力地展示了非常多样化的雕塑形式，这种形式可以使用非常复杂的计算机算法在短时间内快速加工生成。尽管这种人为生成的设计方法仍处于起步阶段，但张周捷的设计为我们打开了一个探索的窗口，使我们了解到这种新颖的 AI 设计在未来催生设计类型的可能性。在这个意义上，张周捷必定会被认为是中国最有远见的设计师之一。

↑
OBJECT # MT-V1　桌
张周捷设计制作，2019
图版照片为"张周捷：几桌"个展，2019 年

↗
OBJECT # MS-13　雕塑 / 灯
张周捷设计制作，2017 年

→|
OBJECT # MT-S4-F　桌
张周捷设计制作，2019 年

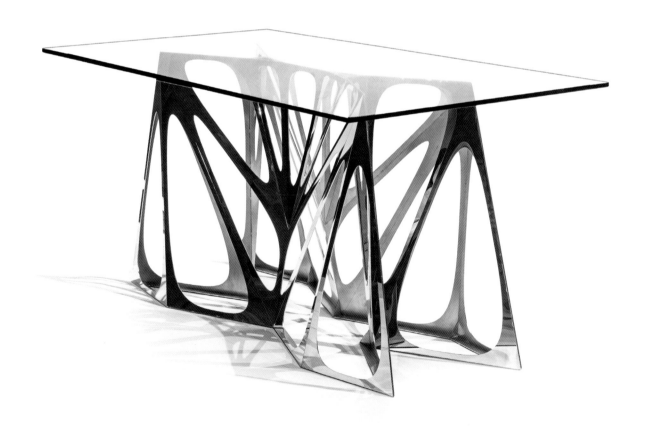

无尽之形

自 2012 年以来，张周捷数字实验室的"无尽之形"项目探索了如何利用人工智能绘制"现实世界，从而根据人机互动来创建个性化家具的地图"。为此，张周捷设计了传感椅，它可以收集坐在椅子上的任何人的个性化数据。然后，将这些信息输入张周捷专门开发的算法软件，根据使用者的身体属性，就可以设计出经过最佳优化的座椅，从而提供定制级别的"合身"体验。此类 AI 软件还可用于规划在结构层面最有效率的材料使用方式，从而减少过多的材料使用和浪费——正如他在 OBJECT # MT-T1-F-L 大茶几的设计中所呈现出的那样。不仅如此，他的未来主义系列"无尽之形"中的不锈钢椅子是人与数字工具协同合作的设计成果。正如张周捷所说："人类的情感、直觉和需求是对于人工智能的补充。"尽管在形式和动态角度上具有多样性，这些独特的"自由生长"物体最终依旧在材料和构造逻辑方面共享了同一种设计 DNA。

↓
OBJECT # MT-T1-F-L　大茶几
张周捷设计制作，2019 年

↗
"无尽之形"系列　MC005-F-MATT　椅
张周捷设计制作，2018 年

→|
"无尽之形"系列　MS015-D-MATT　椅
张周捷设计制作，2018 年

↘
"无尽之形"系列　MC014-F-BLACK　椅
张周捷设计制作，2018 年

郑志龙 / 拾木记

木头的灵魂

2005 年，郑志龙离开家乡 640 多公里，来到广州学习建筑和环境艺术设计。当时广州大学城仍在建设中，到处都是被废弃和拆毁的房屋，因此有很多没用的杂物散落在建筑垃圾里。郑志龙的一节大学课程要求他在这些拆迁垃圾中找一些物件作为研究项目的基础。在他的探索过程中，他经常看到被丢弃但完全可用的原木、木板和其他木制物品，等待它们的命运就是腐烂。由于看到了这样巨大的浪费，他开始收集他遇到的任何可能回收使用的木材，

到毕业时，他一共积攒了五吨木材。随着收集的木材继续增加，郑志龙在 2013 年决定建立自己的工作室"拾木记"。他的计划是将他的旧木材收藏改造成新的家具，从而将废弃的材料带回生活重新利用，如果"木头有灵魂"，郑志龙就是在他的设计中重新点燃它们，这些设计灵感来自自然界中的形式。他的"树椅"巧妙地结合了他搜集的胡桃木、桦木和枫木的结构，在 2017 年入选为著名的罗意威工艺奖的决赛作品之一。这个简单而富有特色的作品体现了郑志龙在设计和制作上所遵循的崇高道德标准。这一设计的结构直接受到树林起源的启发，它树枝状的椅背和椅腿似乎能让人联想到中国神话和民间传说中的神树。

→
山兽 长椅和坐凳
郑志龙设计，拾木记，2015 年

←
树椅
郑志龙设计，拾木记，2015 年

→
蘑菇凳
郑志龙设计，拾木记，2016 年

仲松

重新审视经典

仲松是一位备受尊敬的艺术家和设计师，1999 年毕业于北京中央美术学院雕塑专业。毕业后，他创立了"仲松设计"，并从事过各种创意学科工作，包括建筑、室内设计、公共艺术和产品设计。尽管决心不将自己限制在一个特定的学科，但他还是大部分时间都致力于室内和家具设计。2010 年，他创立了两个品牌，"万物"和"天物"，旨在促进更"平静，平衡"的生活方式。这里所展示的装置艺术作品就是仲松设计的，曾分别在北京和杭州的两个展览上展出，包括长茶几、矮茶几和矮坐垫，彰显了仲松精致的生活方式。然而，尽管充满了对过去的回忆，这些"房间"也受到当今人们对健康生活方式的日益增长的兴趣启发，因为它们都旨在创造为人们提供感官享受的环境，这种享受生活的理念也体现在中国繁荣的茶文化中。

"古今如梦"装置
仲松设计，"人在草木间 —— 中国茶生活艺术展"，中国美院民艺博物馆，杭州，2016 年

"被遗忘的典范"装置

仲松设计，"被遗忘的典范"展览（策展人为
夏季风），蜂巢当代艺术中心，2017 年

朱晖 / 吱音

大胆的形式

"吱音"的起源可以追溯到 2010 年，当时刚从海外留学回来的朱晖开始与另一个创始人杨熙黎合作。他们共同的梦想是建立自己的家居生活品牌，为消费者提供方便、实惠和精心设计的家具，从而改善普通人的日常生活。他们最终在 2013 年创立了吱音，朱晖担任首席设计师，杨熙黎负责日常运营。从那时起，公司不断壮大，这得益于年轻消费者对家具的关注 —— 他们的生活空间往往比老年人更小。吱音新颖的黑逗沙发（灵感来自《神偷奶爸》系列电影中的小黄人）和优雅的变奏沙发都具有缩小的外形，非常适合紧凑型公寓。同样，融光橱柜不仅可用于多功能存储，在白天也不会遮挡自然光线，从而使狭小昏暗的房间重新明亮起来。复古风格的小俏皮沙发采用同样轻快的美学设计，旨在为生活空间增添乐趣。它简单而引人注目的形状看起来像是从卡通中直接走出来的，而融合沙发可以在摇动时给消费者提供一点有趣的互动。朱晖的目标是创造"充满喜悦、新奇和惊喜"的设计，到目前为止，这一模式的设计让他屡获殊荣。

↓
变奏沙发
朱晖设计，吱音，2018 年

↓
小俏皮单人沙发
朱晖设计，吱音，2013 年

↘
融光边柜
朱晖设计，吱音，2015 年

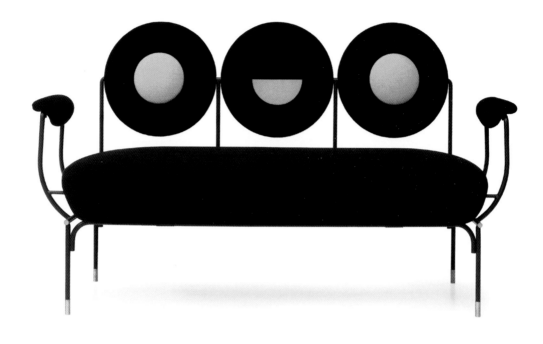

"小黄人"系列 黑逗沙发
朱晖设计，吱音，2018 年

→
融合沙发
朱晖设计，吱音，2018 年

小空间的优雅设计

吱音 2017 年产品图录的主题是"为我们的时代设计"，这完美地表现了该公司对生产真正被市场需要的家具设计方案的关注。吱音面向的是一个非常庞大的、正在筹划自己第一套住房的中国年轻人群体，专门为他们生产设计精良、价格合理的家具。该公司的首席设计师朱晖明白，起居室的空间通常是非常宝贵的，因此他将尽可能多的功能融入家具中。虽然吱音的一些设计具有旺盛的年轻气息，但它也有些审美上更加内敛的产品。例如，心流茶桌和"1+1"马扎虽然有着俏皮和非传统的结构，但也具有可自定义的复杂性。他的答案储物柜既内敛优雅，又非常节省空间，同样受到了高度关注。它们由模块化单元组成，可根据所需与床头柜、餐具柜、书柜等进行混合和搭配。设计师的主要想法是，人们最初可能只用得上几个单元柜，然后在他们的需求变化时，最好也可以随时增加。然而，最能表达吱音追求节省空间的完美设计理念的或许还是小绅士梳妆台。尽管具有小巧的比例和纤细的线条，这款时尚简约的设计还是加入了抽屉，并在镜子周围设计了一圈一体化的光线，甚至还巧妙地引用了中国著名的"天圆地方"图案。

→|
心流茶桌
朱晖设计，吱音，2018 年

↓ & ↘
1+1 马扎
朱晖设计，吱音，2018 年

→|
小绅士梳妆台
朱晖设计，吱音，2018 年

→|
答案大书柜
朱晖设计，吱音，2018 年

重塑 + 功能更新

吱音是一个创意驱动的原创设计家居品牌，从内而外散发着强烈的创新感染力，这得益于首席设计师朱晖对形式和功能的巧妙思考。他的谈心咖啡桌就是一个完美的例子，该桌子的设计目的是放松休闲，供品尝咖啡之用，还能提供愉悦而私密的就餐体验。正如吱音介绍的那样："虽然我们作为人类喜欢聊天，但其实也渴望拥有一个更自在的、更有安全感的交流空间。因此，我们设计了带有屏风的咖啡桌。"不同于传统的设计，这款黄铜屏风带有镂空的图案，且可以移动，安装在桌子的不同位置，类似聊天的对话框，高度正好与眼睛齐平。可以为咖啡店、餐厅或酒吧中的每一组桌椅"区隔"出比较独立的视觉空间，一定程度上保护了隐私，避免"与陌生人的尴尬眼神交流"，但镂空的设计又保证了空间的透气感，不至于过分闭塞。相比之下，欧几里得茶几则是从另一个维度思考，通过透明玻璃，将最基础的几何图形元素与实木固体完美结合，富有视觉冲击力，更具有通透的雕塑感。为了在美感与实用功能之间找到最平衡的解决方案，欧几里得茶几有三个不同尺寸的版本，适合在不同的室内环境中灵活搭配出更有新意的场景。

↓
谈心咖啡桌
朱晖设计，吱音，2020 年

→ & ↘
欧几里得茶几
朱晖设计，吱音，2020 年

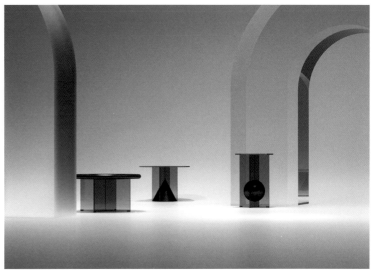

一位来自中国的工匠

朱小杰谦虚地将自己描述为"一个来自中国的工匠",但他实际上是中国著名的设计师,也是新中式设计的重要先驱。他还是家具品牌"澳珀家俱"的创始人,也是他创建的温州家具学院的院长。虽然他最初以家具设计师的身份成名,但他的工作已经横跨建筑、照明和陶瓷等领域。尽管如此,他最著名的还是家具设计师的身份。他设计的椅子、桌子、凳子和长凳通常具有明显的"木质"美感,并以精美的木纹产生令人惊叹的效果。正如朱小杰解释的那样:"无论是书法还是中国画,中国传统艺术始终强调线条的使用,明代家具同样具有令人愉悦的光滑曲线和圆弧效果。我想用自己的设计来表达这种精神。"他的家具设计以流线型外观著称,往往结合手工艺技术和高科技生产方法打造而成,并且都受到了宋代和明代传统家具的启发,通过制作时所用材料来展现自然美感。朱小杰对中国古代家具形式的现代诠释于 2009 年首次在科隆国际家具展上展出,不久之后,他被邀请为 2010 年上海世博会制作各种设计作品。借此契机,他设计了 300 件家具,展示出 80 多种与中国文化传统相关的风格。

↓
清水椅
朱小杰设计,澳珀家俱,2017 年

↓↓
睡美人椅
朱小杰设计,澳珀家俱,2002 年

←
蝶椅
朱小杰设计,2002 年
图为设计师位于温州的澳珀家俱工作室,它被《安邸 AD》杂志誉为世界上最美的家。

中国木工

朱小杰家具的一个关键特征是使用断面纹理的厚木板来展示树木年轮的质感。他用于制造桌面的厚厚的树干来自100年或更久之前的枯树。通过这种方式，设计师成功地给这些树木带来了新的生命，并相信它们的精神或品格会因此得到传承。但更重要的是，这些木材的横截面可以带来美妙的惊喜。朱小杰注意到，"独特的设计有时来自偶发事件"。例如，在制作伴侣几时，它的桌面偶然被分为两个部分，类似于象征阴阳的传统中国符号。虽然他工作室的工匠们已经开始讨论如何修复这个裂缝，但是朱小杰决定保留它，因为这样桌子将"显示出最原始和最自然的状态，而偶然产生的象征性语言也将被保留"。朱小杰对道家哲学的坚持和对木材的持久热爱在他的家具作品中得到了强有力的体现，这些家具作品从根本上是对自然世界的内在美的立体表达，以及通过对手工艺文化的传承而获得的精致审美价值。

↖

伴侣几

朱小杰设计，澳珀家俱，2004 年

↖

卵石茶几

朱小杰设计，澳珀家俱，2018 年

←

蘑菇几

朱小杰设计，澳珀家俱，2018 年

→

朱小杰位于温州的澳珀家俱工作室中的森林桌的细节，2002 年

明朝地理

中国设计师朱子于 2003 年在广州美术学院创办了"岁集家具"（Suyab）设计工作室。该工作室以古代的丝绸之路城市（碎叶城）命名，这座城市现在位于吉尔吉斯斯坦。这个名称表达了对中国古代历史——尤其那条重要的贸易路线——的敬意。对古代文化的兴趣最近在中国广泛发展。事实上，它是整个新中式设计运动的核心，它以国家卓越的文化传统为荣，并力图振兴它们。为此，朱子在 2015 年成立了岁集家具设计公司，以制造和销售自己的设计。他的作品虽然——正如他所说——"以当代为基础，探索日常功能的美学"，但它们也依赖于"工艺的灵魂"。朱子的设计融合了精致的纹理大理石、高品质的皮革和美丽的木材，体现了中国人对高端奢华材料的痴迷，但在还原主义美学风格和严谨的几何形式方面，它们同样具有令人耳目一新的现代感。

←

白月光茶几系列

朱子设计，岁集家具，2017 年

→

折线椅

朱子设计，岁集家具，2015 年

↓

时柜

朱子设计，岁集家具，2018 年

暖调的奢华

像中国许多领先的家具品牌一样，岁集家具是由一个成功的室内设计工作室演变而来的。它的前身是朱子创立的一家空间设计工作室，专门从事豪华别墅的室内设计，经常接受定制家具项目。通过在2015年建立自己的高端家具制造公司，朱子在这一领域内的业务有了极大的扩展。他的目标是创造出具有独特原创性和适合现代生活方式的东方美学的作品。他的大部分家具都散发着温暖的奢华感，这反映出亚洲人对具有更温暖、更丰富色调的家居装饰的喜爱，同时他的设计也参考了中国传统的材料和图案。例如，他的"夕吻"茶几采用了玻璃块制成的台面，这种材料看起来像琥珀板，这是对中国古代传说——琥珀是"老虎的魂魄"——的一种致敬，这一材料也因而蕴含了这种大型猫科动物的勇敢品质。与之相比，"算椅"的黑檀木椅背俏皮地使用了算珠子的意象，谐趣与端庄共融。另一件家具"一轮"高柜，圆面边缘内嵌了一轮亮光，与纵横交织的木线一道，似乎象征着中国人"天圆地方"的朴素宇宙观。

↑
一轮高柜
朱子设计，岁集家具，2018 年

→
算椅
朱子设计，岁集家具，2015 年

↱
夕吻茶几
朱子设计，岁集家具，2018 年

不造 BUZAO

灵巧透明

不造工作室成立于 2017 年，是"本土创造"（一家建立已久的中国家具和照明品牌）的分支，以其对复合材料的超前运用而闻名。不造工作室的名字源于中国近年来流行的一种对"我不知道"的新颖表达，它创造了一些相当出色的家具，并在世界各地与设计相关的出版物和平台上都有展出。2019 年，不造工作室为 Gallery ALL 画廊设计了令人震撼的极简主义作品"空集"系列，正是这一系列令人惊艳的光效和雕塑感，真正将人们的注意力集中在了这个位于广州的、刚刚起步的工作室上。这套引人注目的家具系列包括形制各异的桌子、一把扶手椅、一把长凳和若干展示柜，全部由夹层玻璃制成，经过不同的透明度渐变处理，这些夹层玻璃展现出从深墨蓝色到半透明的天蓝色等一系列色彩，从而创造了一种随着观看角度改变而不断变化的光感。正如 Gallery ALL 画廊解释的那样："（这个系列）反映了中国近些年的工业发展和突出的环境问题，彭增意识到并追求着我们天生喜好的色彩——我们的大自然所提供的色彩。"但不仅如此，该系列还向 20 世纪 60 年代在南加利福尼亚州出现的"光与空间环境艺术运动"致敬，该运动着重于光、空间和平面之间的光学相互作用。作为工作室的首席设计师，彭增明白，"空集"系列的全部要点是通过几何顺序和短暂的色彩变化唤起"稳定性、安定性和理性"。最近，该工作室还推出了与其概念类似的"晕"展示架和存储柜单元系列，同样具有欧普艺术的透明性。

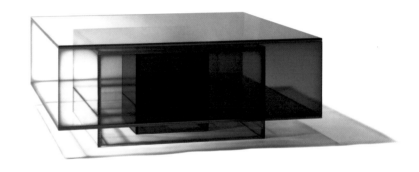

→
"空集"茶几
不造工作室设计，Gallery ALL，2019 年

↓
"空集"扶手椅
不造工作室设计，Gallery ALL，2019 年

253

彩虹之上

2018 年推出"空集"系列时，不造工作室就已经引起了媒体的广泛关注，紧随其后的是更加出类拔萃的"热象"系列。与先前的系列一样，这一引人注目的产品系列采用简单的几何形状来呈现强烈的戏剧性光学效果。常见的工地木方条、围板等草根元素启发了该系列六件作品——四张桌子和两个长凳——的结构设计，它们的制作材料是由方管和电镀钢构成的"木板"，这种"木板"使用的特殊电镀工艺会产生令人眼花缭乱的彩虹般的效果。不造工作室位于广州，可与珠江三角洲工业中心地带的众多专业制造商合作，这有助于它在材料和制造技术方面进行有趣的试验。正如该品牌的总监彭增指出的那样，"热象"系列的产品有着充满光泽的、闪烁的、迷幻的表面，正是"这种不控制的质感，才是产品的生命"。在新中式设计运动的浪潮中，不造工作室的产品划时代地将材料和技术推向了崭新的美学设计艺术领域，揭示了"中国制造"这个标签在过去几年中所取得的成就。

←
"热象"桌
不造工作室设计，Gallery
ALL，2019 年

←

"热象"桌和"热象"长椅（局部）

↓

"热象"长椅

不造工作室设计，Gallery ALL，2019 年

吴滨／WS＋高古奇／梵儿

线条简洁的宁静

吴滨是中国著名的室内设计师，在他的作品中，具有标志性的摩登东方风格外观营造出了精致的视觉体验。作为无间设计和 WS 世尊设计集团的创始人，他监督了诸多著名的大型项目的室内设计，从上海虹桥国际机场的候机室到波特曼建筑设计事务所对上海建业里住宅区的改造工程。对于这样一位著名的设计师来说，将才华转而投向家具作品也是自然而然的事，比如这款优雅的沙发和这张桌子，它们以简单的结构展现出了坚固的建筑品质。另一位著名设计师高古奇同样创立了自己的生活家居品牌，该品牌同样生产具有强烈美学意义的家具。他设计的造型奇特的"豆荚"摇椅反映出通过融合"新的设计语言"将"新生活"注入传统手工艺的理念，他的设计也自然而然地赋予了产品强烈的图形感。然而，在他的作品中，真正的主角还是那个雕塑般的"冰山"沙发，它的设计非常巧妙，具有一种引人入胜的不对称性。

→
冰山沙发

高古奇设计，梵儿，2020 年

↓
豆荚摇椅

高古奇设计，梵儿，2020 年

→
沙发
吴滨设计，WS 世尊，2020 年

↘
桌
吴滨设计，WS 世尊，2018 年

任鸿飞 / 吾舍

提炼东方美学

在中国设计界，任鸿飞因其对 R.E.D 设计展富有洞察力的策划而备受赞誉，该展览会成功地将 80 位独立设计师召集在一起，不仅集中展示了他们的作品，更重要的是分享和交流了他们的设计思想。这些展览及其精心挑选的主题有助于在当代设计中树立公认的创造力标准，并使这场规模不大但朝气蓬勃的前卫的当代设计运动获得更广泛的专业认可。不仅如此，任鸿飞还是家具品牌"吾舍"的创始人，该品牌生产了一些非常引人注目的产品，包括在 2019 年获得金创意奖的飘椅。这张躺椅由钉在一起的形状不同的胶合板巧妙地制成，因此其后背、扶手和腿部形成了视觉和结构上的统一体。任鸿飞在"黛墨"家具系列中也展现了他极具个人特色的优雅简约的设计风格，该系列包括一把明式椅子，这件作品是对一种著名的传统座椅形式的精简化诠释。

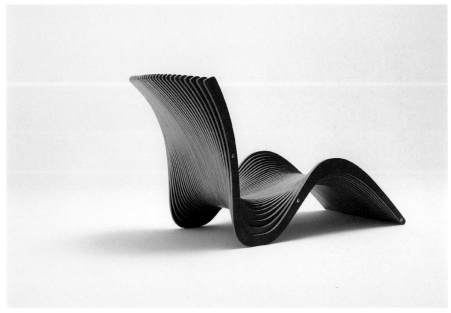

→ & ↗
飘椅
任鸿飞设计，吾舍，2019 年

→|
黛墨　明式椅子
任鸿飞设计，吾舍，2019 年

李冰琦 + 高扬

古怪的创意

李冰琦最初在北京中央美术学院学习家具设计，然后又获得了伦敦艺术大学中央圣马丁学院的硕士学位。作为一名应届毕业生，她于 2018 年成立了自己的设计工作室。同年，她在珠海无界美术馆举办的"新视野·国际新锐设计师作品展"上展出了一些家具作品，这些家具的灵感来自 20 世纪 80 年代意大利设计团队"孟菲斯设计小组"的作品。这些作品具有强烈的视觉冲击力，比如造型奇特并极其个性化的"极简"椅子，它获得了 2018 年新视野奖的金奖。正如冰琦所说："研究消费者的心理需求，使用简约的设计语言以及现代技术和材料来重新诠释中国传统元素。"她希望通过"传统文化"来揭示"基于传统文化的新视角下的现代家具之美"。另一位同样名声大噪的年轻中国设计师是高扬，他出色的蒲公英凳入围了著名的 2020 年罗意威工艺奖。这件非凡的家具完全是用竹茎制成的——高先生对竹茎的端部进行了精心的分割，然后小心锤打，使它们看起来像蒲公英蓬松的种子头一样。然后，他将这些手工制作的茎秆精心地层叠成一个庞大的有机结构，虽然看上去脆弱而柔软，实际上却硬朗又坚固。

✓
极简椅 1 号
李冰琦设计制作，2018 年

↓
极简椅 2 号
李冰琦设计制作，2018 年

师建民

精妙的冥想

师建民是中国设计界的一位受人尊敬的人物，是公认的新中式设计的早期开拓者。师建民生于西安，早年间在西安美术学院学习，后于 1986 年在中央工艺美术学院完成学业。如今，师先生在北京生活和工作，设计出了很多发人深省且具有强烈雕塑感的艺术品。"网墩"是他 2005 年的作品，他用哲学的术语对它进行了解释："世界上的一切都源于存在，而存在源于虚无。空不为空，网不是网。"因此，师建民接着指出他设计的这件坐凳"既不是空，也不是网"。然而，他设计的"流云"椅子和"小猪吃奶"桌凳，或许更能表达出他作品的中式内涵。长期以来，云一直象征着中国的天界，它位于天地之间；而猪则与运气、幸福和财富有着紧密的联系。师建民的设计以这种象征主义为基础，这通常意味着功能被边缘化了，诗意的雕塑形式变得更加重要。然而，尽管在作品中融合了这种古老的象征意义，但师建民对"现代化"不锈钢的使用也赋予了作品明确的当代美感。实际上，他的作品有力地反映了一个无可辩驳的事实——尽管大多数中国人都希望与传统保持联系，但他们同时也保持着对现代性的寻求。

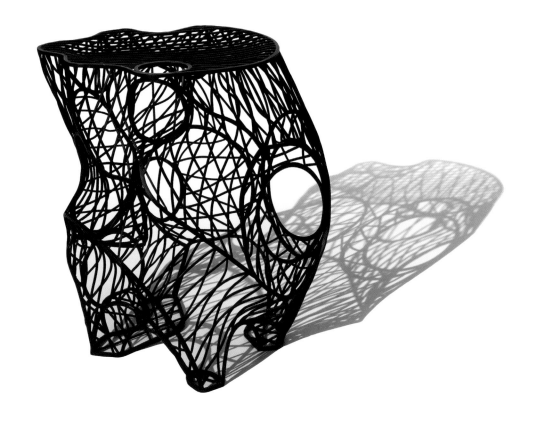

→
网墩
师建民设计制作，2005 年

←

流云椅
师建民设计制作，2002 年

↓

小猪吃奶
师建民设计制作，2007 年

赵云 / 体物之作

符号化的极简主义

    赵云是中国设计界冉冉升起的新星之一，他于 2004 年毕业于武汉科技学院工业与产品设计专业。然后，2007—2015 年，他担任如恩设计的高级设计师，在此期间还承接了多个国际家具品牌的项目，以及各种酒店、餐厅和住宅楼的家具定制项目。2015 年，他成立了自己的工作室，专门从事家具、灯具和配件的设计，还建立了自己的设计主导品牌"体物之作"。同年，他的作品获得了两个重要的设计奖项——金点奖和 iF 家居风尚大奖（iF Home Style Award）金质奖。他的"契"书架是他极简美学的典型代表，他以各种不同的方式借鉴了中国传统文化。在这里，他巧妙地采用了传统的榫卯结构，这样，书架展板就直接插到开槽的支撑"柱"中，而不需要任何连接部件。相比之下，顾名思义，他的"长桥"长凳的灵感来自中国传统的拱桥，而折扇桌则采用了中国传统的百褶形式。这种细节不仅强化了设计的整体结构，而且还提供了丰富的明暗变化，给人耳目一新的感觉。

↗
长桥长凳
赵云设计，体物之作，2019 年

→
契书架
赵云设计，体物之作，2020 年

↗
折扇桌
赵云设计，体物之作，2019 年

↘
长桥长凳（局部）

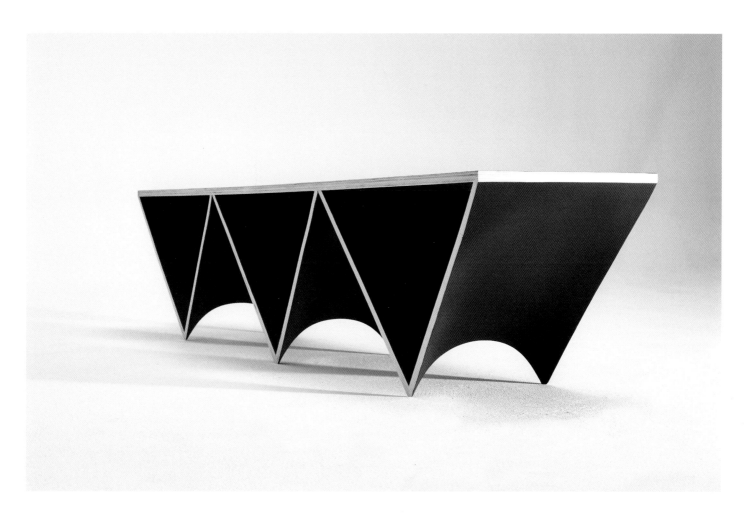

刘峰 / 嘿黑有馅公司

装置舞台

作为一个习惯全身心投入的人，刘峰希望为中国设计领域增添些许俏皮的光泽——他的作品使我们的生活充满戏剧性。此前，他曾在清华大学美术学院学习雕塑，后来成立了自己的工作室"嘿黑有馅公司"。今天，他以装置设计作品闻名，但也设计了一些有趣的家具。其中，最出色的是 QR 桌，它的桌面上有两个用顶级马赛克拼接而成的二维码，这一设计是借当代的黑白二维码形式来解构无趣的日常。相比之下，他的 Blooming 镜子则使用黑色冥想石来支撑古铜色的镜面，借以致敬古老的中国造物智慧。他在北京 UCCA 尤伦斯当代艺术中心展出的抽象而有机的 Spray 座位单元旨在用于公共场所，同样反映了人文世界对自然形式的欣赏。

←

QR 桌

刘峰设计，嘿黑有馅公司，2018 年

↑

Blooming 镜子

刘峰设计，嘿黑有馅公司，2019 年

→

Spray 座具系列

刘峰设计，嘿黑有馅公司，2009 年

中国家具 25 年

在过去的 25 年里，中国国际家具展览会（又称"上海家具展"）推动了中国家具设计的新浪潮，本书充分展示了其中最好的例子。事实上，正是这些作品中体现的技术和美学创新使中国的家具设计师成为国际设计竞赛中的常客。作为中国家具相关展览领域的市场领导者，中国国际家具展览会在培育和宣传中国当代家具设计这一令人振奋的新浪潮中发挥着至关重要的作用。中国国际家具展览会坚持"出口导向，高端原创，线上线下，革新零售"的既定原则，为原创家具、定制家具和各种原材料的展示和交易提供了重要平台。它吸引了越来越多来自世界各地的参展商和参观者，因此中国国际家具展览会已经成为同类展会中规模最大的之一，并在全球范围内发挥着强大的影响力。

"中国国际家具展"的惊人成功

每年 9 月的第二个星期，来自全球各地的各种高级家具产品都会在中国国际家具展览会上展出，专业买家、设计师和消费者纷至沓来。事实上，2018 年的展览在访客人数方面创下了新的纪录：四天时间，来自 132 个国家和地区的买家或访客共计 166479 人次。这比去年增加了 9.82%，可能是由于海外访客数量显著增加。来自欧洲、美国、韩国、日本和澳大利亚的访客共计 21218 人次（增加了 23.87%），所有访客都与中国市场进行了长期合作。

自 1993 年成立以来，中国国际家具展览会一直保持快速发展。在场地规模方面，它已从最初的 3000 平方米增长到 35 万平方米，主要包括两个场地：上海新国际博览中心（服务于中国国际家具展览会）和上海世博展览馆（服务于"摩登上海时尚家居展"），这些场所与摩登上海设计周期间的全市设计活动相互关联。我们的国际品牌馆、设计馆、现代精品馆和高端制造馆已成为访客活动的重要场所，他们的兴趣反过来吸引了更多的国内外企业参展。中国国际家具展览会 2018 年展示了来自 155 个国家和地区的 3500 个优质国内和海外家具品牌。其中，1342 家是当代家居家具品牌，129 家是国内品牌，220 家是海外品牌。这个庞大的国际平台是中国国际家具展览会独有的，但今天的成就并非一蹴而就。在过去的 25 年中，中国国际家具展览会一直密切关注市场趋势，但最近越来越重视创新，这导致其结构发生了重大转变。上海博华国际展览有限公司的创始人兼董事王明亮表示，在未来，中国国际家具展览会将注重质量而非数量，旨在打造一流的国际家具展。

中国品牌新浪潮的新平台

近年来，中国国际家具展览会为中国家具从"复制＋制造"发展到"设计＋创新"的蜕变提供了一个非常重要的平台。事实上，自 2011 年以来，该展会的目标一直是支持和培养中国原创设计。很显然这已经取得了非常积极的成果，许多原创家具品牌——比如 U⁺、DOMO、吱音、璞素和十二时慢——已经扎根并蓬勃发展。目前，中国国际家具展览会有三个巨大的设计大厅，专门面向高端和主流制造商，此外还有几个较小的空间，年轻的设计师、初创品牌和其他家具相关企业可以在这里展示他们的产品。后者促进了不同企业之间的更大合作，从而增加了各方的机会，最终推动了更多合同的签署。

2018 年，在中国国际家具展览会上萌生了一项全新的创意创作计划（COC）。这个新平台由商人王明亮和设计师周宸宸联合发起，旨在推广整体方法和"生态价值"，这必将有助于中国设计行业对更多环保政策保持关注。COC 不仅关注设计，还关注资源、设计管理和创新理念的互联，以宣传、展示并最终帮助塑造品牌形象。

此外，中国国际家具展览会还致力于维护使用传统方法和技术的品牌和设计师的利益。2014 年推出的金点奖和 2000 年创立的创新奖，既有助于培养中国家具业的创新意识，又在国内外享有盛誉。它们构成了中国家具的强大支柱，激励参展商不仅展出产品，而且展示全方位的室内空间。

←
2018 年在上海浦东举办的中国国际家具展览会的主入口大厅

自成立以来，金点奖已收录了来自 420 家竞争企业的 1191 个参赛作品，因此被认为是中国蓬勃发展的家具行业中最具影响力和最受瞩目的奖项之一。

从复制到创新

自 20 世纪 90 年代以来，中国家具业经历了一个快速、全面发展的时期，并在此期间不断努力从"中国制造"向"中国创造"过渡。中国国际家具展览会无疑进一步推动了这一进程，继续在支持和推动国产家具产业方面发挥重要作用，同时鼓励其从"复制＋制造"转向更加光明的"设计＋创新"模式。

目前在中国，原创设计正在快速发展，真正的创新正源源不断地出现。这为克服海外买家根深蒂固的偏见——中国制造的家具便宜、低劣、惯于抄袭——做出了极大贡献。他们现在清楚地看到，中国正在生产符合最高国际标准的家具。与此同时，在高收入的中国家庭中，家居装饰的审美标准正在发生根本变化，"欧式风格"的热度逐渐减弱，原有的中式家具越来越受到人们的青睐。这种品位的改变反映了对传统文化的自信心的恢复。事实上，传统的建筑和家具，以及具有中国元素的文化符号，都在新中式设计的背景下重新焕发了活力。

很明显，许多新的中国设计品牌已经脱颖而出，同样明显的是，他们并不觉得自己与融合"旧式"中国装饰和雕刻的作品有什么关系。他们喜欢更简单、更抽象的风格，对中国传统家具的现代诠释，正在成为一种可定义的家具风格。

如今，中国拥有世界上最具创新性的家具文化之一。其原有的家具设计文化傲然鼎立于世界设计舞台，在国际上备受推崇。尽管如此，它仍处于发展的早期阶段。也许在 10 年甚至 20 年后，中国将成为国际公认的开创性家具设计、制造和品牌推广的强国，但在此之前，毫无疑问，它也将以大胆的创意和创造力继续激励我们。我们期待在本书的未来版本中，与中国国际家具展览会一起见证这一发展进程。

↓
2018 年中国国际家具展览会的两个展示台位

图片出处说明

Laurence King Publishing 感谢版权人授予在本书中刊载他们作品的权限。我们已尽全力联系版权材料的所有者，在收到书面告知后，我们也会在未来的版本中修正任何疏漏。

所有家具设计和照片都得到了文中列举的设计师或设计工作室的授权。

（注：a —— 上；b —— 下；t —— 顶部；l —— 左；r —— 右）

11t Heritage Image Partnership Ltd/ Alamy；**13** Philadelphia Museum of Art, Purchased with the J. Stogdell Stokes Fund, the John T. Morris Fund, the Thomas Skelton Harrison Fund, the George W. B. Taylor Fund, and with funds contributed by Mr. and Mrs. Howard Lewis and Henry B. Keep, 1971-12-1；**14l** Philadelphia Museum of Art, Purchased with the Thomas Skelton Harrison Fund,1967-141-1；**14r** Philadelphia Museum of Art, Purchased with Museum funds, 1929-91-5a；**15t** Philadelphia Museum of Art, 553/4 × 401/2 × 181/2 inches(141.6 × 102.9 × 47 cm) Purchased with Museum funds, 1959-117-4；**15b** Image courtesy of Channels Design。

致谢

　　本书是一次多么奇妙、迷人而又非凡的发现之旅啊。首先，如果没有中国国际家具展览会的创始人王明亮的大力支持，这本书是不可能完成的。他提供了无数的见解和建议。此外，我们还必须感谢中国家具协会会长徐祥楠对项目的大力支持。我们还要感谢侯正光，他不仅向我们介绍了王先生，而且还写下了这么有趣的前言，并在此过程中提出了许多有用的建议。最衷心的感谢必须献给我们值得信赖的合作编辑和亲爱的朋友瞿铮，他从一开始就坚持不懈地与我们一起经历了这一非凡的设计旅程，向我们介绍了我们将要认识的人物、地点和事物，没有他，我们靠自己是不可能完成这些任务的。我们也非常感谢瞿铮在中国设计中心的同事陈诗彤，她的帮助对于该项目的后勤协调至关重要。同样，上海博华展览有限公司的王熊也为研究提供了重要的帮助，我们也要致以谢意。

　　出版社的团队也值得感谢，尤其是以下人员做出的工作：乔·莱特富特（Jo Lightfoot）对这个项目的编辑监督、安德鲁·罗夫（Andrew Roff）出色的编辑管理、帕特里夏·伯吉斯（Patricia Burgess）和罗莎娜·费尔黑德（Rosanna Fairhead）仔细的校对、安格斯·海兰德（Angus Hyland）宝贵的创作指导、达维娜·张（Davina Cheung）对生产的监督、包琳娜·休伯纳（Pauline Hubner）对索引的精心编辑，最后但绝非最不重要的一点是，感谢艾利克斯·可可（Alex Coco）出色的平面设计工作。

　　我们还要感谢在旅途中遇到的所有设计师、设计工作室、画廊主和制造商，他们极其热情地接待了我们，分享了他们的故事，展示了他们的作品，发送了图像和信息，并最终向我们讲述了对新中式设计复兴的希望和梦想。这是你们的非凡设计故事，我们永远感谢你们的分享。

熙榰

疏密層疊　光影婆娑

凝視

讓思緒神游

讓內心充盈

讓時間變慢

讓生活有趣